「困った」「知りたい」をなんでも解決する本

日本一わかりやすい 70歳からのスマホ術

監修

宝島社

第1章 まずはこれを知っておこう

第2章 スマホのトラブルを解決する

第3章 「困った」をスマホで解決する

第4章 「知りたい」をスマホで解決する

第5章 「寂しい」をスマホで解決する

第6章 「暇だなあ」をスマホで解決する

第7章 「面倒くさい」をスマホで解決する

スマホの各部名称と機能

iPhone

※写真はiPhone 16 Pro

❶前面カメラ：自分を撮影する
❷サイドボタン：電源を入れる。スリープを解除する
❸カメラコントロール：シャッターを切る。iPhone 16などに搭載
❹USB-Cコネクタ：ケーブルを接続して充電する
❺音量ボタン
❻アクションボタン：長押しで消音する
※背面にはメインカメラやフラッシュがある

アンドロイド

※写真はピクセル8プロ

❶前面カメラ：自分を撮影する
❷電源ボタン：電源を入れる。スリープを解除する
❸音量ボタン
❹USB-Cポート：ケーブルを接続して充電する
※背面にはメインカメラやフラッシュがある

アンドロイドには、さまざまな機種があり、ボタンの位置や機能も少しずつ異なります。

はじめに

本書は、スマホの基本的な使い方のコツから、困った時の解決方法、便利な活用法まで、必要な情報をなるべくわかりやすく解説しています。

章立ても工夫しました。**「困った」「知りたい」「寂しい」「暇だなあ」「面倒くさい」**——日常で感じる、そんなちょっとした思いをスマホでどう解決できるのか、実践的な方法を説明していきます。

本書を読み終わる頃には、スマホが身近で頼れる存在になっているはずです。一歩一歩ゆっくりと、スマホとの自分なりの付き合い方を見つけてください。

●本書は、2025年1月の情報をもとに掲載しています。製品、サービス、アプリの概要などは、事前のお知らせなしに内容・価格が変更されたり、販売・配布が中止されたりすることがあります。あらかじめご了承ください。
●本書ではiOS18（iPhone16Pro／14Pro Max／13Pro／11）、およびAndroid15（Pixel9 Pro XL／8Pro／6a）、Android13（Galaxy A51）をもとに画面を掲載し、動作を確認しています。
●本書に掲載したアプリ名、OSのバージョンや機種によっては、動作や画面が異なることがあります。
●本書に掲載した会社名、製品名などは、米国およびその他の国における商号、商標、登録商標です。なお、本文中には®、™、©は明記していません。
●本書の掲載内容に基づいて操作する場合は、すべて自己責任で行ってください。本書では操作ミスなどによる不具合の責任は負いかねます。また、本書の内容を超えるご質問にはお答えできません。

第1章

まずはこれを知っておこう

01

スマホでできること

「何ができるのか」を知っておこう

スマホは、私たちの生活をより豊かにする素晴らしい道具です。

例えば、**知りたいことをその場で調べられることは、大きな魅力の一つです**。わからない言葉の意味や明日の天気予報、見かけた車の名前、薬の副作用まで、さまざまな情報を簡単に確認できます。

また、スマホは調べ物以外にも便利です。**家族や友だちとメッセージを交換したり、音楽や動画を楽しんだり、趣味の仲間を作ったり**することにも役立ちます。

では、このスマホで具体的に何ができるのか、一例を挙げてみましょう。

覚えておきたいことをメモする

スマホのカメラを使うと、時刻表も掲示板も手書きのメモも簡単に保存できます。

調べたいことをスマホに尋ねる

スマホでAIに尋ねたり、検索したりすれば、いろんなことがすぐにわかります。

細かい文字を拡大する

小さくて読めない文字は、スマホのカメラで拡大すれば読みやすくなります。

友人や家族とお喋りする

スマホなら、電話やLINEでいつでも友人や家族と繋がることができます。

メッセージをやりとりする

LINEを使えば、メッセージやスタンプを送ったり、写真を見せたりできます。

音楽・動画・ラジオ・映画を楽しむ

スマホなら、音楽・動画などを無料でいくらでも聴いたり見たりできます。

病気・病院・薬の情報を調べる

気になる体の不調の原因、自分に合ったクリニック、もらった薬のことを調べられます。

宅配便を送る

宅配便の集荷をスマホから依頼できます。
伝票の準備が不要です。

ネットで買い物する

ネットショッピングなら、悪天候や体調不良で外に出られない時も買い物できます。

銀行振込を行う

ネットバンキングに申し込めば、ATMに行かずに銀行振込ができます。

歩いたコースを記録する

散歩でどのくらい歩いたかを記録して、ルートや距離を後で振り返れます。

ゲームで遊ぶ

スマホ向けゲームには、無料で遊べるものがたくさんあります。

02 iPhoneとアンドロイドの違い

iPhoneは懐石料理、アンドロイドはバイキング

スマホには、iPhoneとアンドロイドの2種類があります。

iPhoneは、食事に例えると懐石料理のようなスマホです。懐石料理は、お店が決めた献立で料理が出てきますね。同じように、iPhoneはアップル社という一つの会社が作っているので、選択肢はあまり多くなく、操作方法はどの機種でも同じです。大きさやカメラの性能は違いますが、他にはほとんど違いがありません。セキュリティ対策はしっかりしていますが、価格は少し高めです。

一方、**アンドロイドはバイキング料理のようなスマホです**。バイキングでは、たくさんの料理の中から好きなものを選べますね。アンドロイドも、グーグルやソニー、富士通、シャープなど、さまざまな会社が作っています。バイキングで予算に応じて料理を選ぶように、価格やデザインも好きなように選べます。

ただし、**スマホの基本的な使い方はいずれも同じです。**懐石料理でもバイキングでもお腹が満たされるように、電話やメール、インターネット、写真撮影は、どのスマホでも可能です。

iPhoneかアンドロイドかで迷ったら、iPhoneにしておくのが無難

03

スマホを買い替えるなら1世代型落ちでも十分

スマホ選びのポイント

本書を手に取っている人のほとんどは、既にスマホを持っているでしょう。そのため、以下の内容は、次にスマホを買い替える時の参考にしてください。

家族や親しい友人がiPhoneを使っているなら、同じくiPhoneを選ぶのがおすすめです。操作方法がわからない時に教えてもらいやすく、写真や連絡先の共有も簡単にできるからです。また、同じアプリを使ってメッセージのやりとりをしたり、ビデオ通話を楽しんだりすることもスムーズにできます。

一方で、**家族や友人が使っている機種がｉＰｈｏｎｅだったりアンドロイドだったりでバラバラという場合は、アンドロイドでもいいでしょう**。また、ｉＰｈｏｎｅより手頃な価格の機種が欲しい場合や、折りたたみ式のような特徴的な機種がいい人にもアンドロイドが向いています。

あえて言えば、ｉＰｈｏｎｅは最新よりも１世代古いものなら、性能の割に比較的安く買えます。また、アンドロイドはグーグルまたは国内メーカーのスマホなら安心です。こちらも最新より１世代古くていいでしょう。

ただし、**「らくらくスマホ」のような簡単操作をうたう機種はおすすめできません**。製品名とは異なり、実際の操作は必ずしも簡単ではありません。

iPhoneならユーザーが多く
教えてもらいやすい

04

スマホを使いこなすには、とにかく使う

いつでも使えるようにしておく

「**スマホはどうすれば使えるようになるのでしょうか？**」――このような質問を高齢者からよく受けます。その時の筆者の答えは、いつも同じです。「**スマホを恐れず、とにかく使ってみることです**」と。

実は、スマホは思ったより丈夫な道具なのです。もちろん、コンクリートの床に強く落としたり、防水機能のない機種を水の中に落としたりすれば壊れてしまいますが、普通に使っていれば、そう簡単には壊れません。せいぜい間違って電話をかけて

しまったり、メールを消してしまったりする程度で、**スマホ本体が壊れることはまずありません**。ですから、気軽な気持ちで使ってみましょう。

常に電源オンのままにしておく

スマホは、必要な時にすぐ使えることが最大の魅力です。ですから、スマホを使いこなすためには、「使わない時は電源を切っておく」という使い方は避けたほうがよいでしょう。**常に電源を入れておき、手に取りやすい場所に置いておくことをおすすめします**。

例えば、ふと知りたいことを思いついた時に、パッと手に取ってすぐに調べる。散歩中に珍しいものを見つけた時も、さっとポケットから取り出して写真に収める。このように、**生活の中で自然とスマホを使える環境を整えておく**ことが、使いこなすための第一歩となるのです。

05

スマホの基本操作を確認しよう

操作はまずタップを確実に

いくらスマホが便利だと聞いても、うまく操作できないと、使うのが億劫になってしまいます。まずは指先での操作から確認していきましょう。

スマホは、利き手と反対の手でしっかり持って、人差し指か中指の腹で画面に触れるようにします。操作方法にはいくつか種類があって名前も付いていますが、名前は重要ではないので、その操作ができれば忘れてしまってもかまいません。

まず、最も基本となるのは「**タップ**」です。これは**画面に軽く触れて、すぐに指先を離す動作**で、スーパーの店頭で野菜や果物の熟れ具合を確かめるような感覚です。

また、長く押しすぎると「長押し」という別の操作になってしまいます。

画面を上下または左右に移動させたい時は、指先で画面を払うように動かします。これは「**フリック**」と言います。ほこりを払う感覚で、軽く操作します。

タップとフリックができれば、スマホ操作の大半は問題ありませんが、たまに必要になるのが「ピンチアウト」「ピンチイン」「長押し」「ドラッグ」です。

写真や文字を大きくしたい時は、親指と人差し指で画面を広げるように動かします。これを「**ピンチアウト**」と呼びます。反対に、指をつまむように近づけると小さ

タップは長く触れすぎに注意！

くなります。これが「**ピンチイン**」です。
アプリのアイコンなどに1秒程度触れたままにすると、メニューが表示されることがあります。これが「**長押し**」です。長押しした状態で、指先を画面から離さず、そのままスーッと動かすのが「**ドラッグ**」です。

うまく操作できない時の対処法

タップがうまくいかない時は、指先の状態を確認しましょう。**乾燥している場合は、少し湿らせると反応が良くなります**。ただし、水滴が付くほど濡れていると逆効果で、誤作動を起こしてしまいます。
それでも**操作が難しい場合は、タッチペンの使用をおすすめします**。家電量販店で購入できますが、スマホで使えるものを選ぶ必要があります。

各種アイコンの意味を知っておく

スマホの画面には、いろいろな形のアイコンが並んでいます。しかし、そのアイコンをタップしたら何が起こるのか、文字での説明がない場合が少なくありません。アプリによって表示されるアイコンは異なりますが、**多くのアプリで共通のものがいくつかあります**。それだけでも覚えておきましょう。

ここでは、よく使われる「**戻る**」「**メニュー**」「**共有**」などのアイコンについて紹介します。これらは**多くのアプリで使われているので、必ず知っておくように**しましょう。

戻る

左向きの矢印。タップすると、前の画面に戻る

メニュー

三つとも同じ働き。タップすると、メニューが表示される

共有

他の人と写真などを共有したり、他のアプリにデータを渡したりする。使い方がやや難しい

送信

タップすると、書いたメールや入力した文字列が送信される

検索

検索したい文字列を入力する欄に表示されていることが多い

閉じる

タップすると、その画面が消える

06 アプリを入れる準備をする

スマホをもっと便利にする「アプリ」とは

アプリとは、スマホに入っているソフトのことです。スマホではアイコンとして表示されます。アプリには、例えば地図を見るアプリ、メモを記録するアプリ、写真を撮影するアプリなど、さまざまな種類があります。スマホには最初からたくさんのアプリが入っていますが、自分の好みや必要に応じて新しいアプリを追加することができます。

新しいアプリを追加するためには、まず「**アカウント**」という仕組みを設定する必要があります。**アカウントは、昔、銀行でよく使った通帳と印鑑のセットのようなものです**。銀行でお金を引き出す時に通帳と印鑑が必要なように、アプリを追加する時には、ＩＤという「通帳」と、パスワードという「印鑑」が必要になります。この二つがそろって初めて、アプリを追加できるようになります。

ｉＰｈｏｎｅのユーザーは「**アップル・アカウント**」というアカウントが必要です。これがあれば、アップル社運営の「アップストア」という場所からアプリを追加できます。一方、アンドロイドのユーザーは「**グーグル・アカウント**」というアカウントが必要です。これがあれば、グーグル社が運営する「プレイストア」という場所からアプリを追加できます。

両方のアカウントとも、無料で簡単に作ることができます。また、グーグル・アカウントは、グーグルのアプリを使う時にも必要になります。ｉＰｈｏｎｅのユーザーも作っておいたほうが便利でしょう。

アップル・アカウントをiPhoneに設定する

1

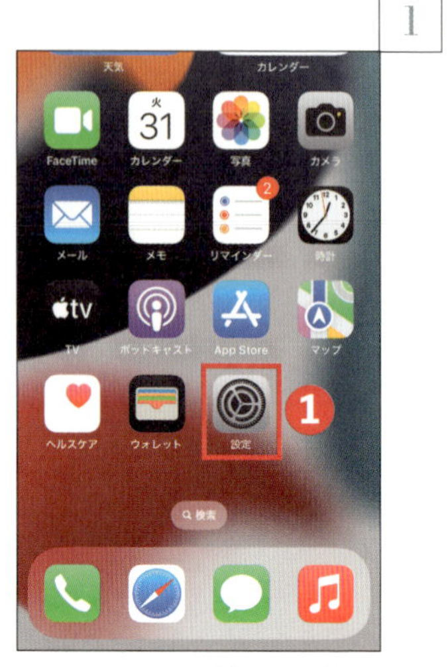

ホーム画面で【設定】アプリをタップ❶

2

［Apple Account］をタップ❷

3

［Apple Accountをお持ちでない場合］をタップ❸

4

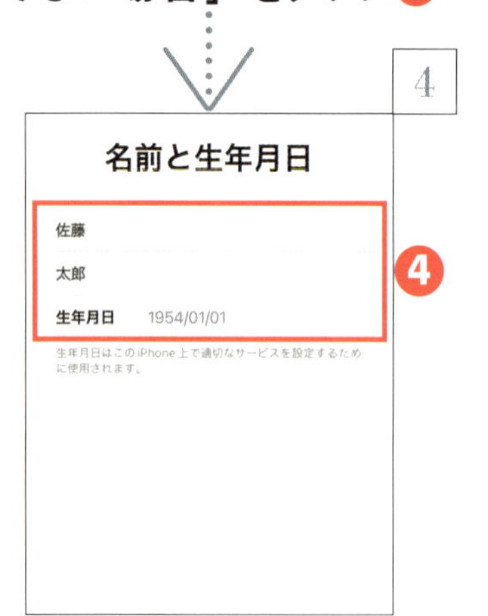

姓名と生年月日を入力し❹、［続ける］をタップ

5

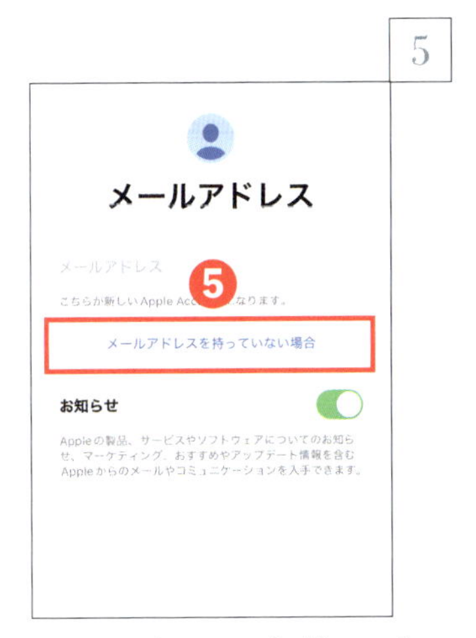

［メールアドレスを持っていない場合］をタップ❺。次の画面で［iCloudメールアドレスを入手］をタップ

6

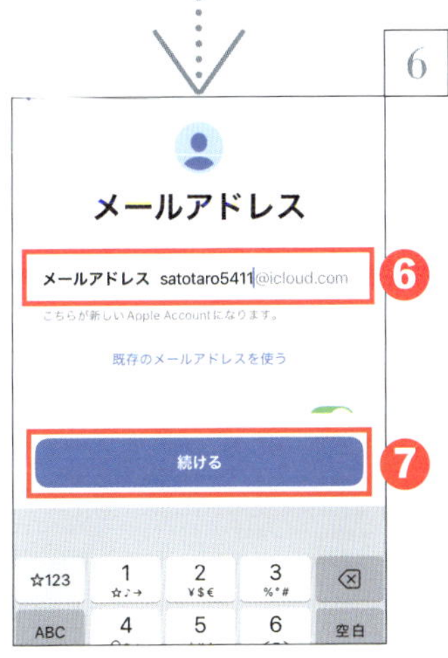

希望するメールアドレスを入力し❻、［続ける］をタップ❼。次の画面で［メールアドレスを作成］をタップ

7

希望するパスワードを入力し❽、［続ける］をタップ❾

※パスワードは、8文字以上で、数字、英文字の大文字、小文字を含んだ文字列にする

8

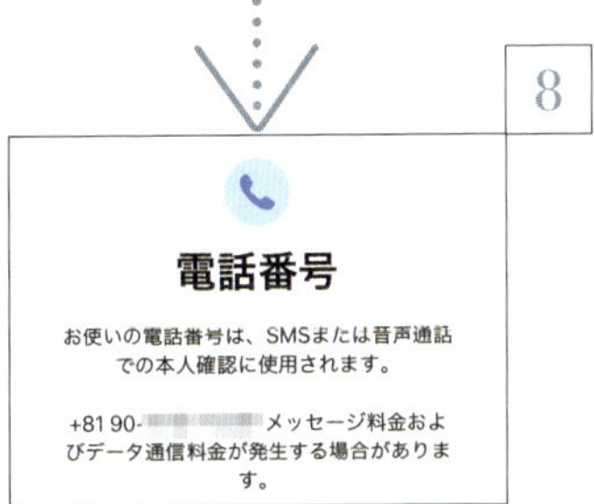

［続ける］をタップ。次の利用規約で［同意する］をタップ。iPhoneのパスコードを入力して［完了］をタップ

9

iPhoneにアップル・アカウントが登録された❿

グーグル・アカウントを アンドロイドに設定する

1

ホーム画面を上にフリック。この画面で【設定】アプリをタップ❶

2

［アカウントを追加］をタップ❷

3

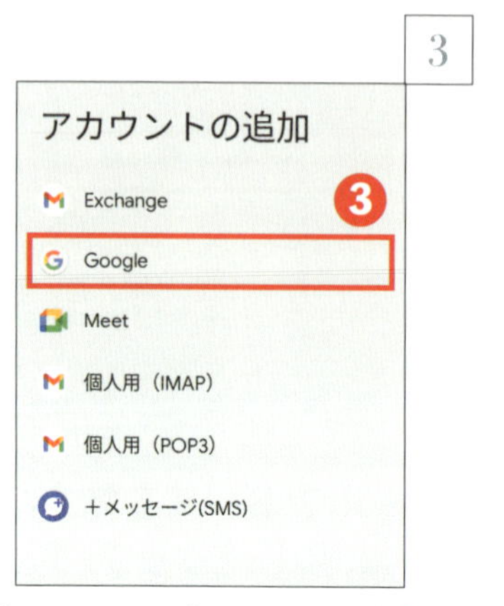

［Google］をタップ❸

4

［アカウントを作成］をタップし❹、［個人で使用］をタップ❺

5

姓名を入力し⑥、［次へ］をタップ⑦。次の画面で、生年月日と性別を入力して［次へ］をタップ

6

［自分でGmailアドレスを作成］をタップ⑧。希望するメールアドレスを入力し⑨、［次へ］をタップ⑩

7

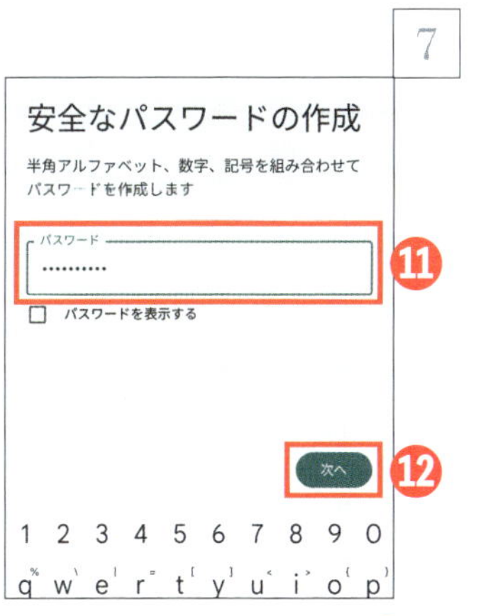

パスワードを入力し⑪、［次へ］をタップ⑫。［アカウント情報の確認］が表示されたら、［次へ］をタップ

8

各種規約などを確認したら、［同意する］をタップ。アンドロイドにグーグル・アカウントが登録された⑬

07

QRコードの読み方を知っておく

暮らしをもっと快適にするQRコード

近年、街中でQRコードを見かける機会が増えてきました。QRコードは一見すると**単なる白黒の四角形の集まりに見えますが、実はその中には文字がたくさん含まれており**、URL、電話番号、住所などのさまざまなデータを効率的に保存することができます。

スマホのカメラを使うことで、QRコードの情報を瞬時に読み取ることができます。

最新のスマホでは、**カメラアプリを起動するだけ**で自動的にQRコードを認識し、読み取ることができるようになっています。

本書のQRコードを【カメラ】アプリで読む

アンドロイドの場合

1

ホーム画面で【カメラ】アプリのアイコンをタップ❶

2

誌面のQRコードを画面内に映す❷。画面下部に表示された[play.google.com/]をタップ❸。【グーグル・プレイ】アプリが起動して、インストール画面が表示される

iPhoneの場合

1

ホーム画面で【カメラ】アプリのアイコンをタップ❶

2

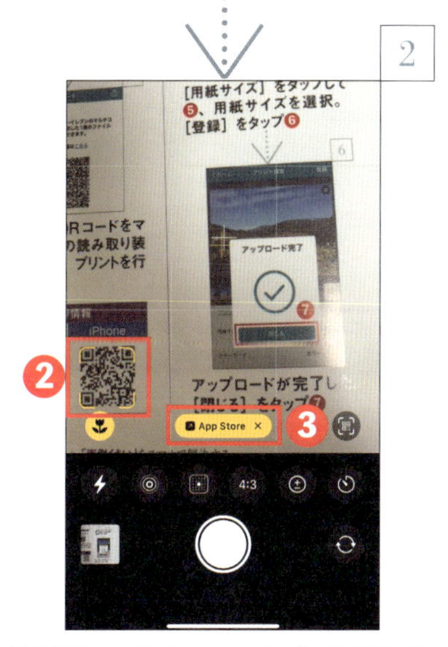

誌面のQRコードを画面内に映す❷。画面下部に表示された［App Store］をタップ❸。【アップストア】アプリが起動して、インストール画面が表示される

08 アプリをスマホに入れよう

スマホに追加するにはまずアプリを検索する

スマホに新しいアプリを追加することを「**インストール**」と言います。iPhoneでは「**アップストア**」を、アンドロイドでは「**プレイストア**」を開いて、アプリを探します。これらのストアは、スマホに最初から入っているので、すぐに利用できます。

アプリ検索の方法

アプリを探すには、画面上部の検索ボックスにアプリの名前や機能を入力します。例えば、電車の乗り換え方法を調べるアプリが欲しい場合は、「乗り換え」と入力すると、関連するアプリが表示されます。「人気のアプリ」などのカテゴリから探すこともできます。

気になるアプリを見つけたら、評価やレビュー、機能説明をチェックしましょう。良さそうなら「入手」または「インストール」ボタンをタップして、アプリを追加できます。

本書では、紹介しているアプリのインストール画面に直接アクセスできるQRコードを掲載しているので、ぜひ活用してください。

QRコードがあると便利！

無料アプリを検索してインストールする

iPhoneの場合

1

【アップストア】アプリをタップ。画面下部の［検索］をタップ❶

2

画面上部の検索ボックスをタップ❷

3

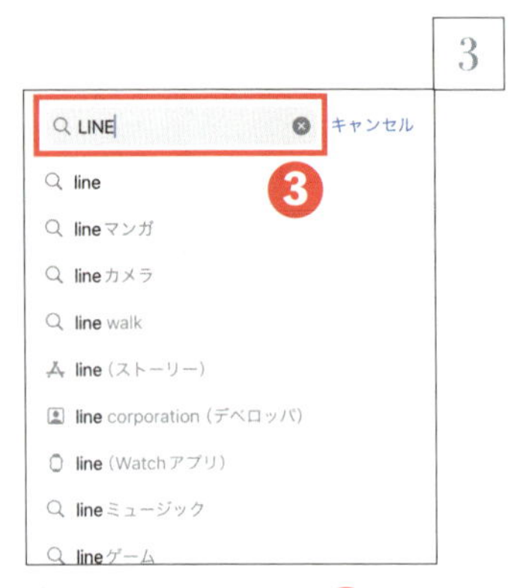

アプリ名を入力し❸、キーボードの［検索］キーをタップ

4

インストールするアプリの［入手］または金額をタップ❹

5

［インストール］をタップ❺。次の画面でアップル・アカウントのパスワードを入力し、［サインイン］をタップ

※設定によっては、ここでのアップル・アカウントのパスワード入力は不要

6

初めてアプリをインストールする時には、アカウント情報の確認が求められる。［レビュー］をタップ❻

※2回目以降は手順6と手順7は不要

7

［利用規約に同意する］をタップしてオンにし❼、［次へ］をタップ❽。次の画面で［なし］をタップ。氏名などを入力し、［次へ］をタップ

8

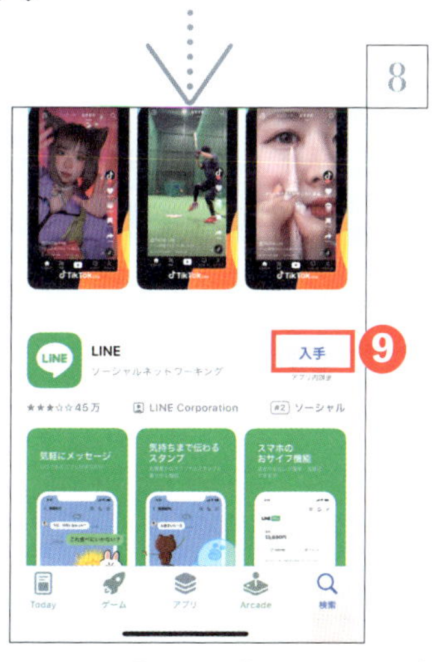

もう一度［入手］をタップし❾、インストールを行う。ホーム画面にアプリのアイコンが表示される

1

【プレイストア】アプリをタップ。画面下部の［検索］をタップ❶

2

アプリ名を入力し❷、キーボードの【虫眼鏡】アイコンをタップ

3

インストールするアプリの［インストール］または金額をタップ❸

※2回目以降は以下の手順は不要

4

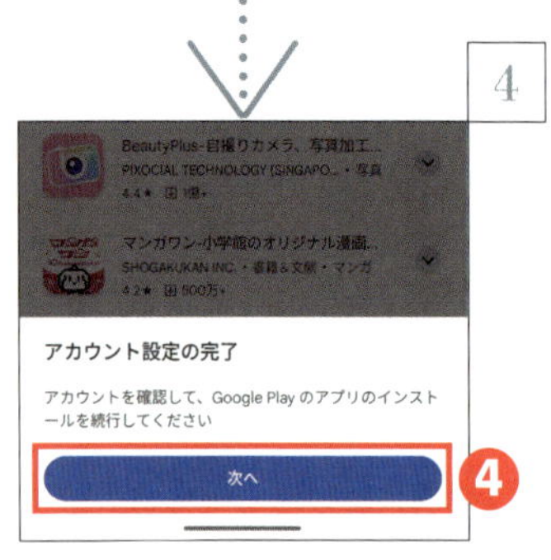

初めてアプリをインストールする時には、アカウントの確認が求められる。［次へ］をタップ❹。次の画面で支払い方法などの情報入力をスキップして、インストールを行うと、ホーム画面にアプリのアイコンが表示される

第2章

スマホのトラブルを解決する

01 スマホの基本操作を知っておこう

まずは電源オフの方法から

電源のオン・オフ、電話の着信への応答や切断など、スマホの基本操作はしっかり覚えておきましょう。

まずスマホの電源が切れている時、**サイドボタンまたは電源ボタンを数秒間押し続ければ、電源が入ります**。

通常、スマホの電源は常時オンの状態で使用しますが、コンサート会場や病院、映画館など、完全に電源を切ったほうがいい場合もあります。そんな時に慌てないよう、電源の切り方を覚えておきましょう。

電話がかかってきても慌てないで

着信への対応も重要な基本操作の一つです。緊張していると、誤って意図とは違うボタンを押してしまうことがあります。スマホに慣れていない人は、**家族のスマホや固定電話から実際に電話をかけてもらい、落ち着いて操作できるまで練習しましょう**。

通話の終了方法も、従来の携帯電話とは異なる注意点があります。スマホでは、通話中に操作を誤って**ホーム画面に戻ってしまっても、そのまま通話が継続されることがあります**。

着信時に慌てないよう
練習をしておく

電源を切りたい

アンドロイドの場合

1

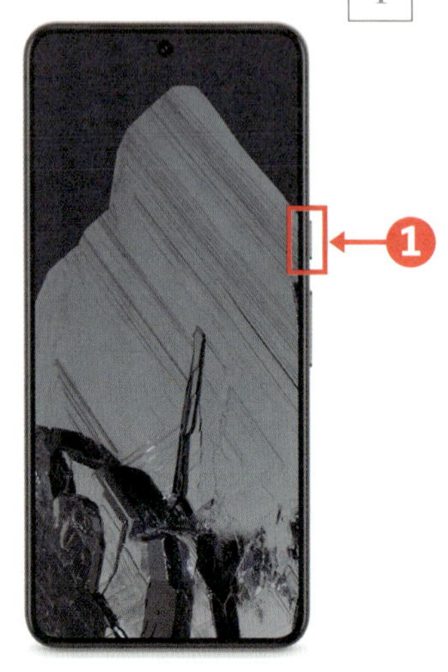

電源ボタンを長押し❶

2

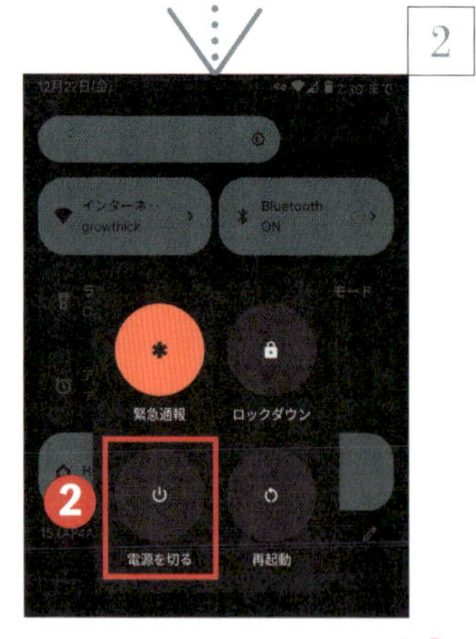

「電源を切る」をタップ❷

iPhoneの場合

1

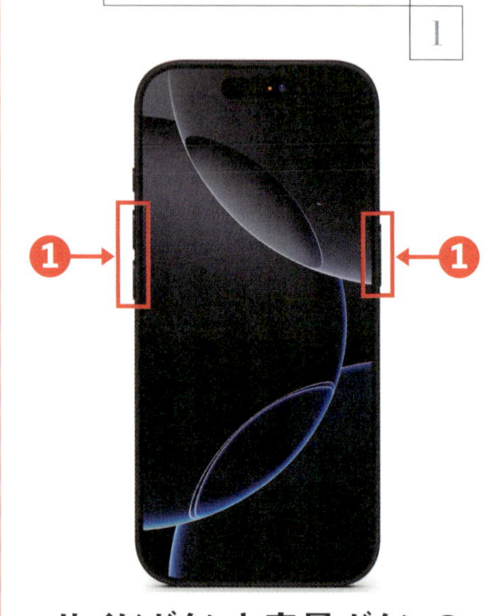

サイドボタンと音量ボタンのどちらかを長押し❶。ホームボタンのあるiPhoneの場合は、右側面の電源ボタンを長押し

2

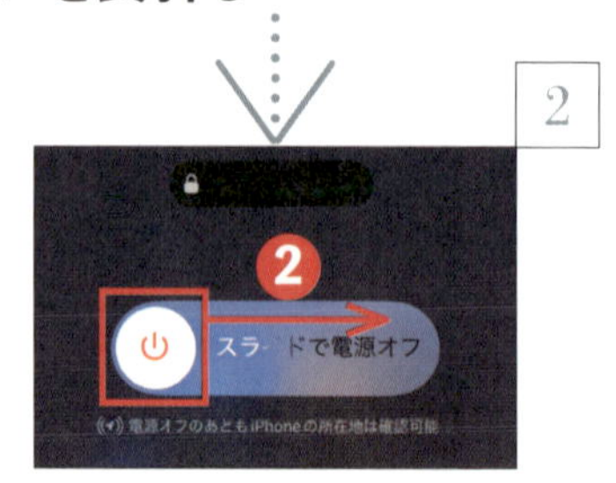

電源のアイコンを右に向かってフリック❷

かかってきた電話に出る

アンドロイドの場合

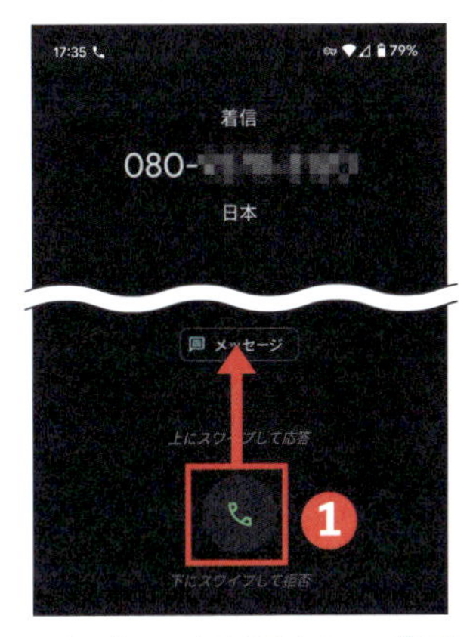

ロック中の電話は、【受話器】アイコンを上にフリック❶

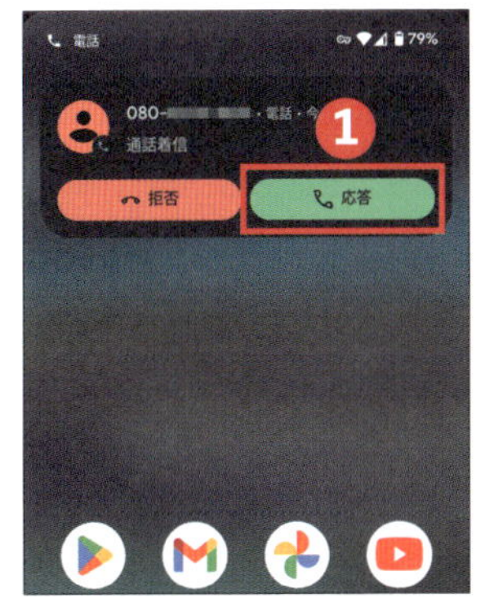

操作中の電話は、画面上部の［応答］をタップ❶

iPhoneの場合

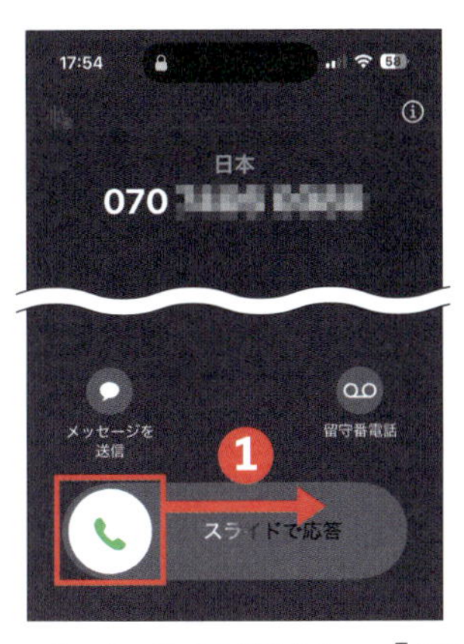

ロック中の電話は、【受話器】アイコンを右に向かってフリック❶

操作中の電話は、画面上部の【受話器】アイコンをタップ❶

電話を切る

アンドロイドの場合

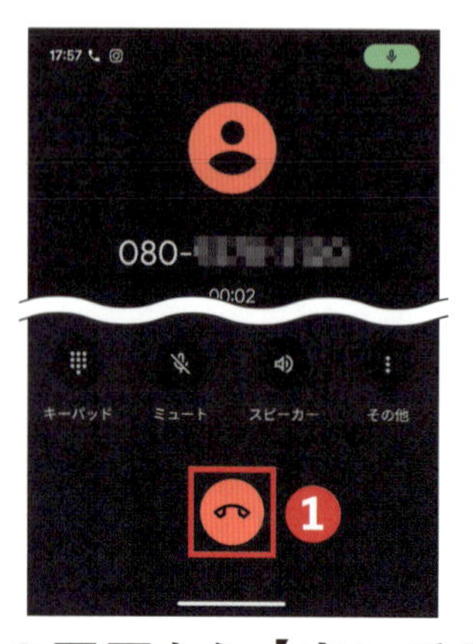

この画面なら【赤い受話器】アイコンをタップ❶

別の画面では、画面上部の【受話器】アイコンをタップして❶、上の画面を表示させて操作

iPhoneの場合

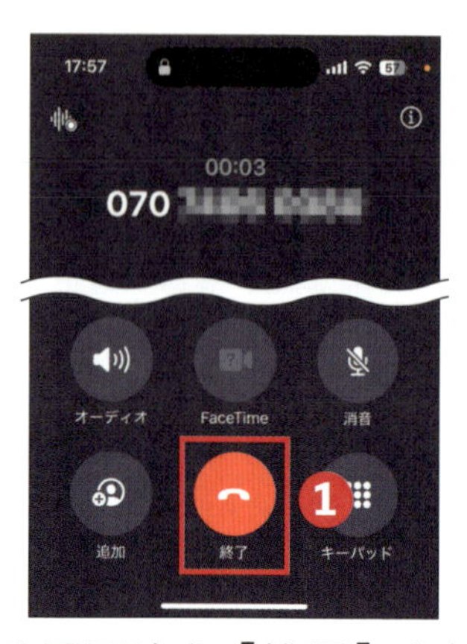

この画面なら［終了］をタップ❶

別の画面では、画面上部の【受話器】アイコンをタップして❶、上の画面を表示させて操作

02 基本設定で使いやすくする

気になるスマホの動作、設定でラクラク解決

スマホに慣れていないと、さまざまな動作や通知音が気になってストレスになりがちです。

例えば、通知音が頻繁に鳴ると、周囲の人に迷惑をかけてしまうのではないかと心配になるかもしれません。また、スマホをちょっと傾けただけで画面が回転してしまうのを嫌に思う人も多いでしょう。

画面の自動消灯についても、ブラウザーでニュース記事を読んでいる時や、レシピを見ながら料理をしている時など、ほんの少し操作を止めただけで画面が暗くなってしまうのは不便です。さらに、文字の大きさが小さすぎて目が疲れてしまったり、緊急時に電話をかけたいのに操作に不安を感じたりすることもあります。

これらの問題は全て、端末の設定を変更することで簡単に解決できます。基本的な設定を自分好みにカスタマイズすることで、より快適にスマホを使用することができるのです。

設定の変更は若干面倒ですが、**スマホを長く快適に使い続けるためには、実は大変重要**なことなのです。

音が鳴らないようにしたい

アンドロイドの場合

1

画面上端から下に向かってフリック❶

2

画面上部のクイック設定パネルで［サイレントモード］をタップ❷

iPhoneの場合

1

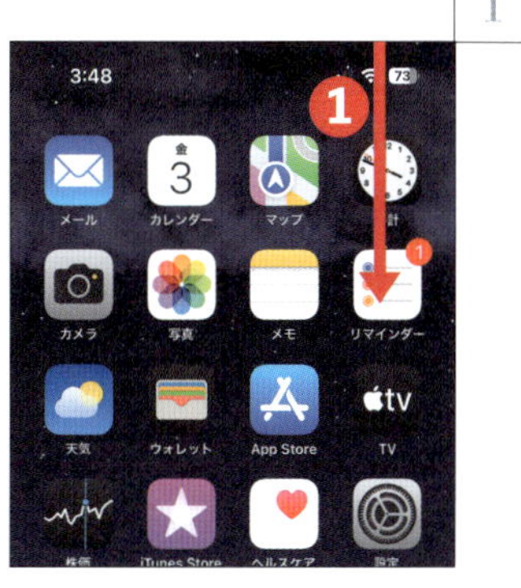

画面右上から下に向かってフリック❶。ホームボタンのあるiPhoneの場合は、画面下端から上に向かってフリック

2

コントロールセンターで［集中モード］→［おやすみモード］をタップ❷

画面の回転を止めたい

アンドロイドの場合

1

画面上端から下に向かってフリック❶。クイック設定パネルが表示されたら、さらに下に向かってフリック

2

右にフリック。[自動回転]をタップして❷［OFF］にする

iPhoneの場合

1

画面右上から下に向かってフリック❶。ホームボタンのあるiPhoneの場合は、画面下端から上に向かってフリック

2

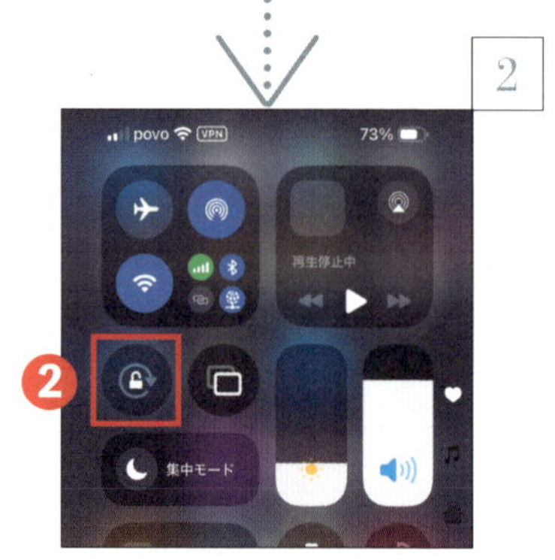

コントロールセンターで【回転禁止】アイコンをタップ❷

画面がすぐ暗くならないようにする

アンドロイドの場合

1

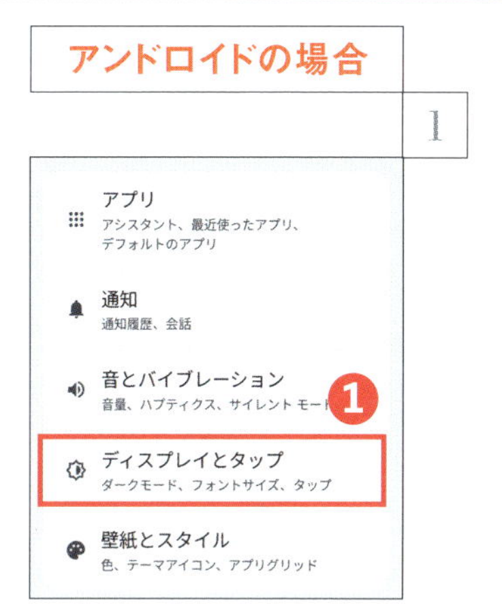

【設定】アプリをタップ。［ディスプレイとタップ］をタップ❶

2

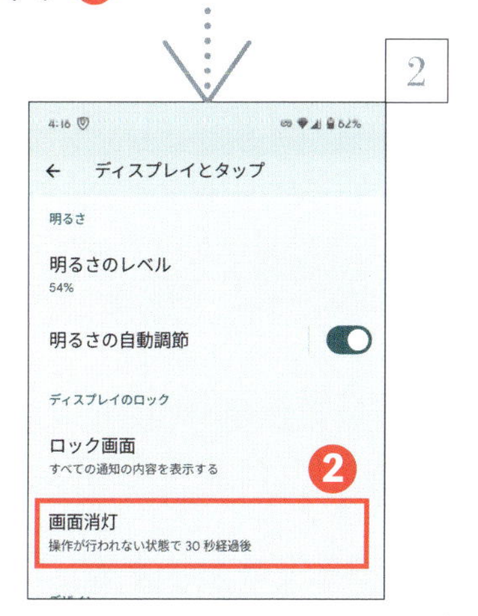

［画面消灯］をタップ❷。次の画面で消灯までの時間を長くする

iPhoneの場合

1

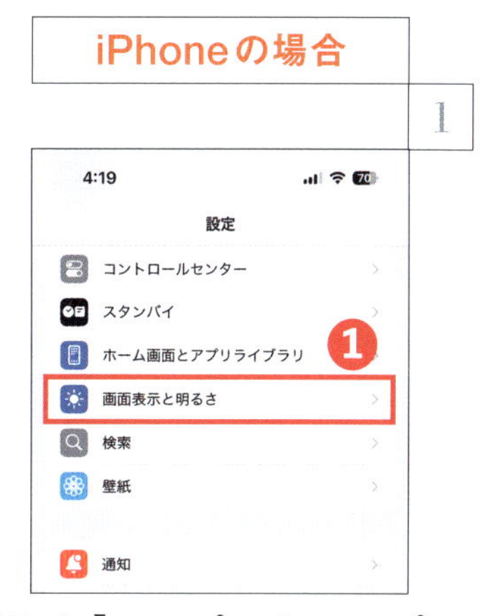

【設定】アプリをタップ。［画面表示と明るさ］をタップ❶

2

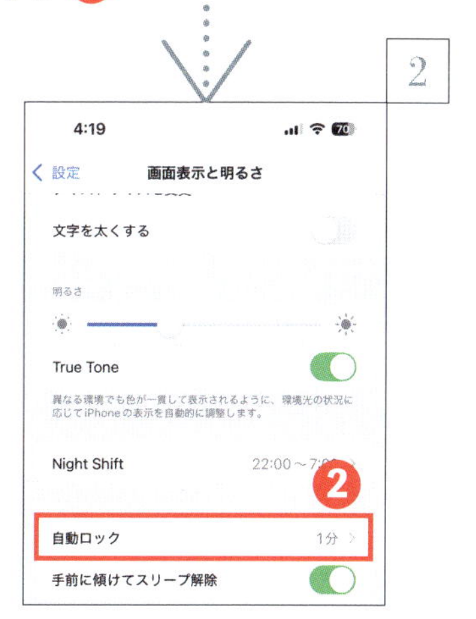

［自動ロック］をタップ❷。次の画面でロックまでの時間を長くする

緊急時に電話をかけやすくする

iPhoneで緊急電話

1

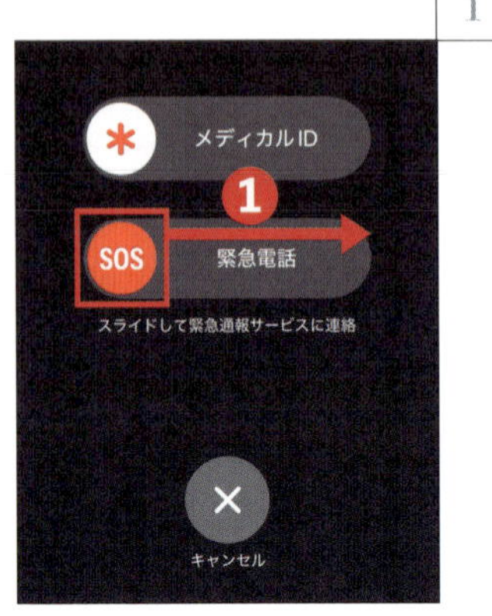

電源オフの画面を表示する（方法は40ページ参照）。【SOS】アイコンを右にスライド❶

2

［緊急SOS］で通報したい施設をタップ❷

iPhoneの場合

1

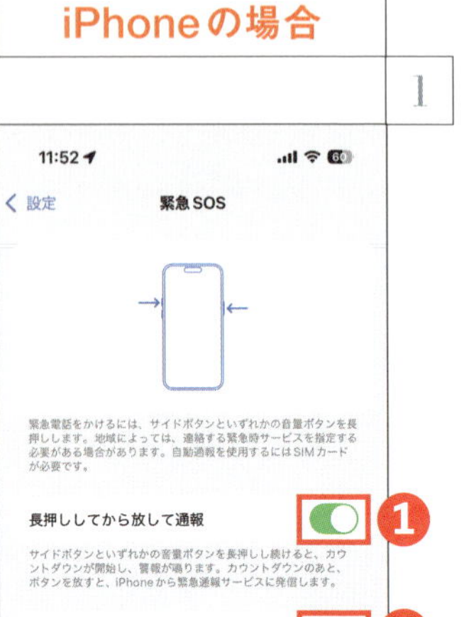

ホーム画面で【設定】アプリをタップ。［緊急SOS］をタップし、［長押ししてから放して通報］❶と［ボタンを5回押して通報］❷のいずれか、または両方をタップしてオンにする

アンドロイドで緊急電話

1

電源オフの画面を表示する（方法は40ページ参照）。［緊急通報］をタップ❶

2

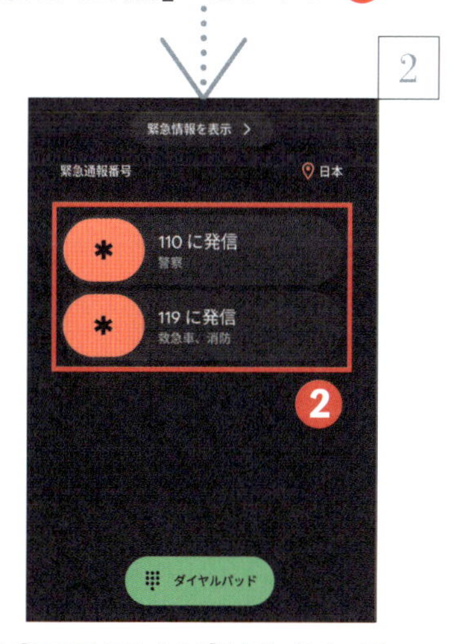

通報画面が表示される。通報したい施設の［＊］を右にスライド❷

アンドロイドの場合

1

【設定】アプリで［緊急情報と緊急通報］→［緊急SOS］をタップ。この画面で［緊急SOSをONにする］をタップ❶

2

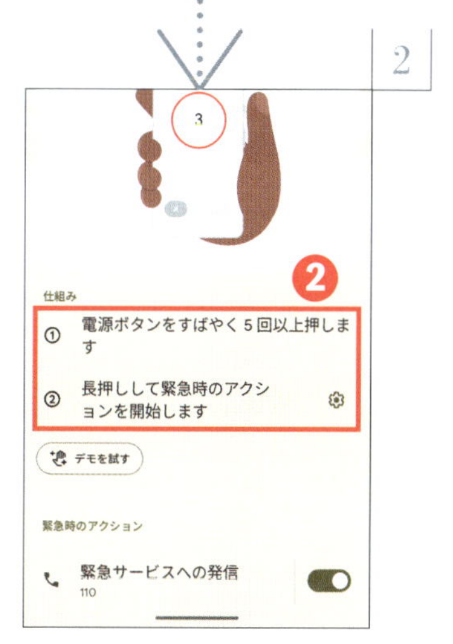

緊急時の操作方法が表示される❷

スマホの文字を大きくする

アンドロイドの場合

1

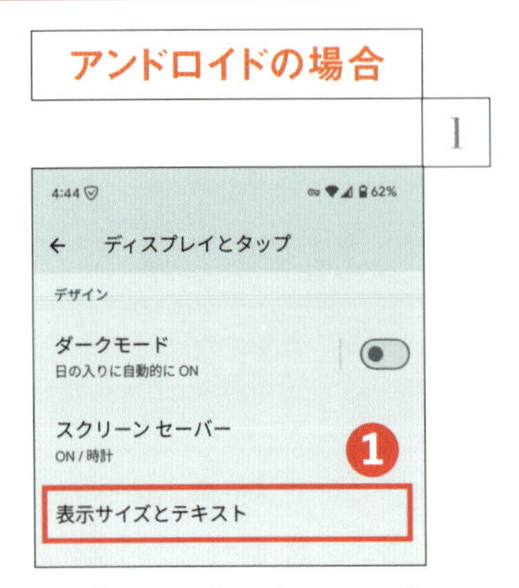

【設定】アプリをタップして［ディスプレイとタップ］をタップ。［表示サイズとテキスト］をタップ❶

2

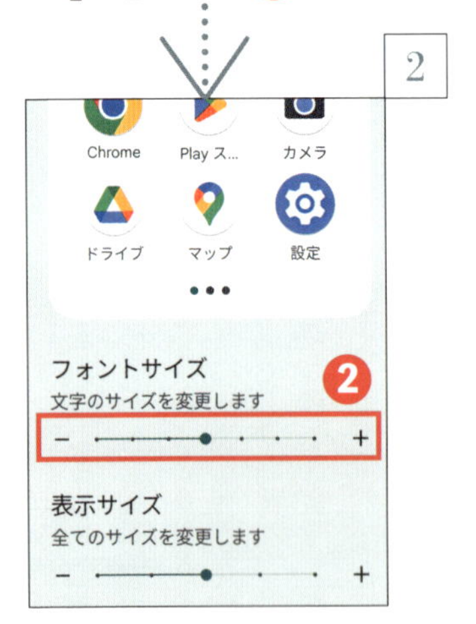

［フォントサイズ］のつまみをタップして❷、文字の大きさを調整する

iPhoneの場合

1

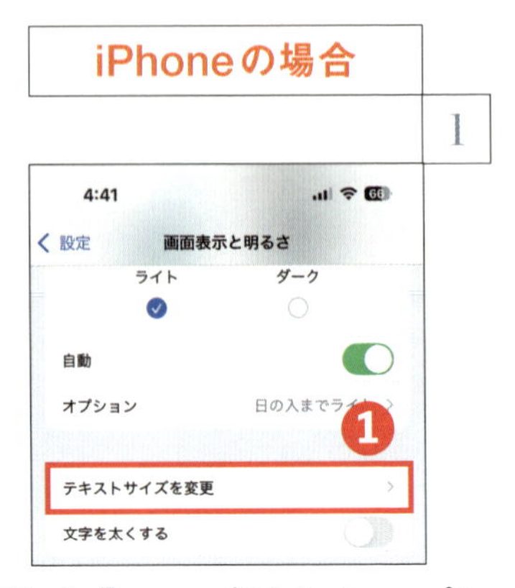

【設定】アプリをタップして［画面表示と明るさ］をタップ。［テキストサイズを変更］をタップ❶

2

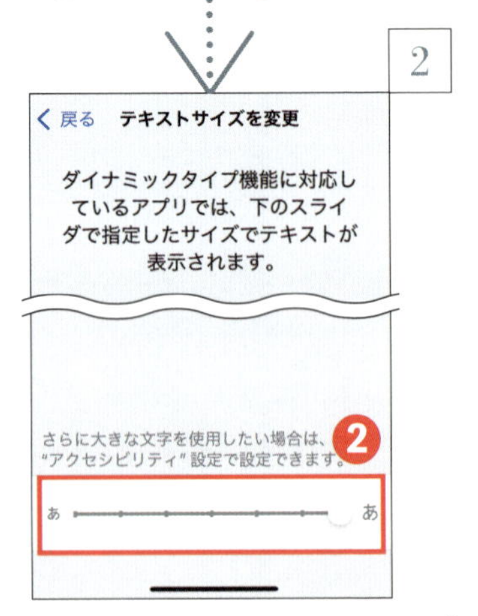

画面下部のつまみをタップして❷、文字の大きさを調整する

03

アプリのアイコンを探しやすくする

スマホの画面、すっきり片付けてラクラク操作

スマホのホーム画面には、最初からたくさんのアプリのアイコンが並んでいます。アプリを追加すれば、さらに増えていくでしょう。しかし、**実際によく使うのは、そのうちのいくつかだけのはずです。**

毎日使うアプリなのに、画面の隅のほうにあったり、何度もページをめくらないと出てこなかったりすると、とても不便です。そんな時は、**よく使うアプリをタッチしやすい場所に移動**しましょう。移動先は、画面の左右の端や角に近い場所が目につきやすく、おすすめです。

ホーム画面を使いやすくする

iPhoneの場合

1

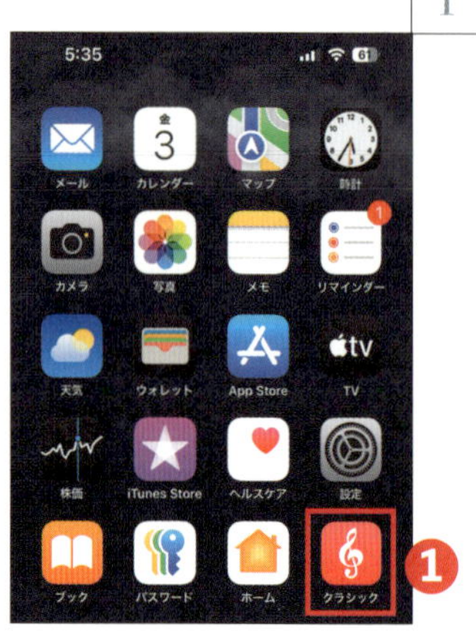

移動したいアイコンを長押し❶

2

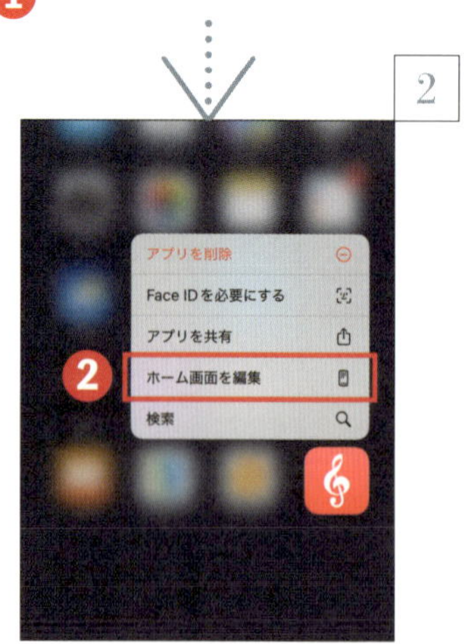

メニューの［ホーム画面を編集］をタップ❷

3

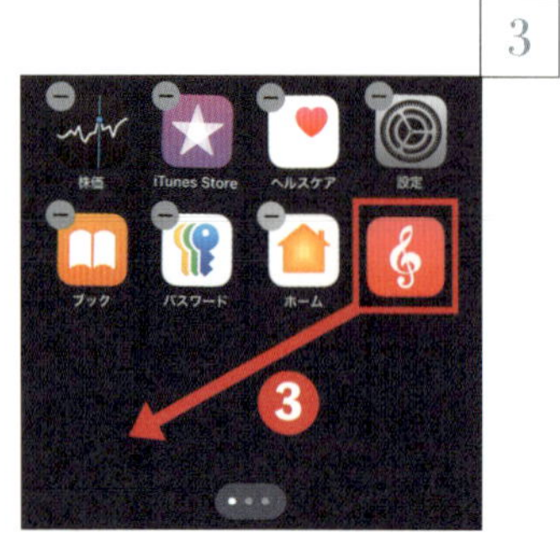

アイコンが震え始める。移動したいアイコンをドラッグして❸、目的の位置で指を離す

4

他のアイコンも同様に、使いやすい場所へ移動。アイコンを整理できたら、画面右上の[完了]をタップ❹

アンドロイドの場合

1

移動したいアイコンを長押し❶

2

メニューが表示されるが、指はそのまま画面から離さない❷

3

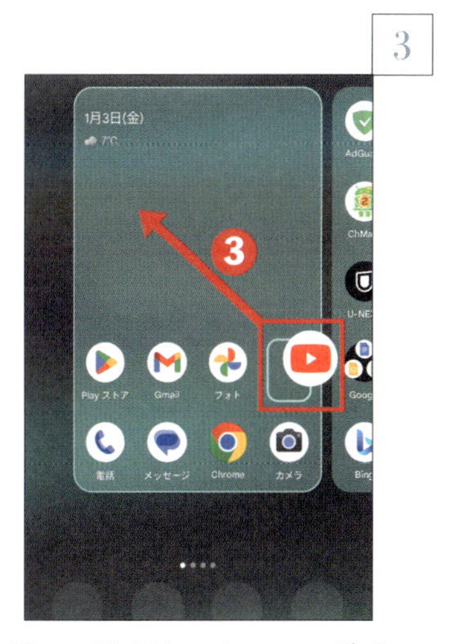

目的の位置へドラッグする❸

4

指を離すと、アイコンが移動❹。同様に他のアイコンも移動する

04

文字入力は音声で楽にする

指先での入力が不得手でも大丈夫！

スマホでの文字入力に苦手意識を持っている人は少なくないでしょう。画面上のキーボードは小さくて見づらく、指先が乾燥している冬場は、画面をタッチしても反応しにくいことがあります。すると、メッセージや検索キーワードを入力するのに時間がかかってしまい、ストレスを感じます。

そんな悩みを解決してくれるのが音声入力機能です。画面のマイクのアイコンをタッチして、普通に話すように言葉を伝えるだけで、文字に変換してくれます。最近の音声認識技術は非常に優れていて、ゆっくりはっきり話せば、**ほぼ完璧に文字**

に変換してくれます。

句読点の入力も音声で

句読点の入力も簡単です。文の最後で「**まる**」と言えば「。」が、iPhoneでは「**てん**」、アンドロイドでは「**とうてん**」と言えば「、」が入力されます。また、改行したい時は、iPhoneなら「**改行**」、アンドロイドなら「**新しい行**」と話しかけることで、次の行に移ることができます。

スマホに話しかけて入力する

アンドロイドの場合

1

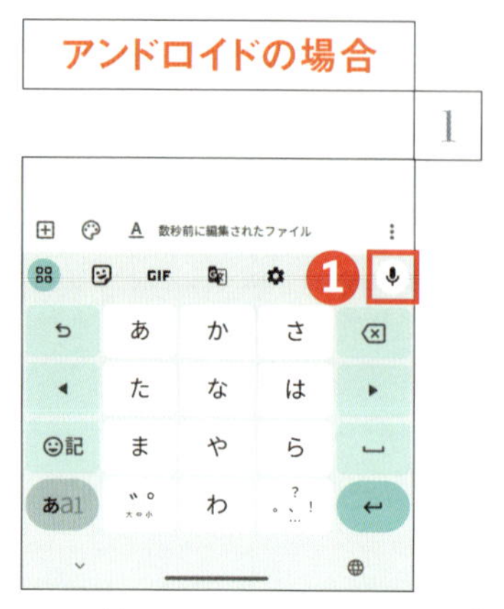

【マイク】アイコンをタップ❶

2

【マイク】アイコンが反転している時に話しかけると❷、文字を入力できる。再度【マイク】アイコンをタップして❸、入力を停止

iPhoneの場合

1

【マイク】アイコンをタップ❶

2

【マイク】アイコンが反転している時に話しかけると❷、文字を入力できる。再度【マイク】アイコンをタップして❸、入力を停止

05 スマホのパスワードは紙に書いておく

パスワードは使い回しせず、ノートに書いて保管

スマホを使い始めると、次第に深刻な問題となってくるのがパスワード管理です。スマホのロック解除、アップル・アカウント、グーグル・アカウント、そしてネットショッピングなど、**さまざまなサービスでパスワードが必要になり、その数はどんどん増えていきます**。

パスワードを覚えるのが大変だからといって、**同じものを使い回すのは大変危険**です。例えば、あなたがホテルのオーナーだったとして、管理が面

倒だからといって全ての部屋の鍵を同じにしますか？　一つの鍵が盗まれると全ての部屋が危険にさらされてしまいます。**パスワードの使い回しも同じように危険です。**

対策として、**パスワードをノートに書き留めておく**ことをおすすめします。パスワード管理用のアプリもありますが、使い方が複雑なため、紙のノートのほうが確実です。紙に記録することを危険だと考える人もいますが、通帳や保険証書と一緒に保管するなど、安全な保管方法を考えやすいという利点があります。

間違えやすい文字は「読み」を入れる

記録する際は、o（小文字のオー）とO（大文字のオー）と0（ゼロ）、また1（数字）とl（小文字のエル）とI（大文字のアイ）のように、見分けがつきにくい文字には特に注意が必要です。必要に応じて**「大文字のオー」などと読み方を書き添えておくと安心です。**

また、パスワードを決める際は、生年月日や名前、簡単な英単語は避けましょう。SNS（ソーシャルネットワーキングサービス）で公開しているペットの名前やマイカーの車種名なども使用しないほうが安全です。一般的に、**文字数が長いパスワードほど安全とされている**ので、**名詞のローマ字読みを複数組み合わせるなど、パスワードが長くなっても入力しやすいように工夫しましょう**。

最近では、**パスワードに加えて2段階認証（多要素認証とも言います）を採用するサービスも増えています**。これは、パスワードに加えて、SMSやメールで受け取る数字を追加で入力したり、別のアプリで作成した6桁の数字を入力したりする方法で、より安全性が高まります。スマホの操作に慣れてきたら、ぜひ利用を検討してみてください。

06

スマホ代が高すぎるならWi-Fiを使う

高すぎるスマホ代を削減するには

物価高が続く昨今、できるだけ支出を減らしたいものです。中でも、スマホの通信費は毎月の固定費として重く家計にのしかかってきがちです。

スマホでネットを使う時、NTTドコモやau、ソフトバンクといった大手通信会社（キャリア）の携帯電話回線を契約すると、毎月通信量の上限が割り当てられます。毎月の通信量を使い切ると、ネットが遅くなったり、余分に通信費がかかったりします。しかし、自宅にネット回線があれば、**Wi-Fi（ワイファイ）を使うことで通信量を消費せずに済むのです**。

Wi-Fiとは何か

Wi-Fiとは電波による通信規格の一つで、スマホやパソコンをネットに接続するのに使われます。

NTTドコモなど大手通信会社の携帯電話回線は、大きなアンテナから出される強力な電波を使っています。これに対し、Wi-Fiは自宅などに設置された小型の専用機器（ルーターやアクセスポイントと呼びます）と弱い電波で通信するのに使われます。

外出先では、無料で提供される**公衆Wi-Fiを利用することで、通信量を節約できます**。

通信契約や通信会社を変更する

また、**契約プランの見直しも効果的です**。外出先で動画を頻繁に見ると通信量が多くなりますが、LINEやメール、たまに地図を見る程度の使い方であれば、毎月1GB（ギガバイト）程度の通信量でも賄えます。大手キャリアでも、このような少ない通信量のプランは比較的安価に提供しています。

さらに大幅な節約を目指す場合は、povo（ポヴォ）やIIJmio（アイアイジェイミオ）、mineo（マイネオ）などの**格安通信会社への乗り換えも選択肢の一つです**。通信会社とプランをうまく選べば、**月額数百円でスマホを使うことも可能**です。

ただし、これらの会社は対面でのサポートが少なく、困った時の相談も電話で受け付けてくれないことがあります。スマホに詳しい家族がいない場合は、**まずはキャリアの節約プランから始めることをおすすめします**。

Wi-Fiに接続する

アンドロイドの場合

1

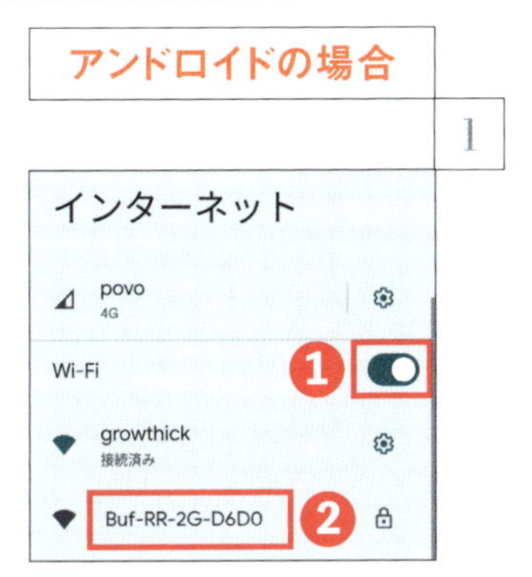

【設定】アプリで［ネットワークとインターネット］→［インターネット］を開く。［Wi-Fi］をオンにする❶。アクセスポイントの名前をタップ❷

2

アクセスポイントのパスワードを入力する❸。［接続］をタップ❹。接続できると、右上に【扇形】アイコンが表示される

iPhoneの場合

1

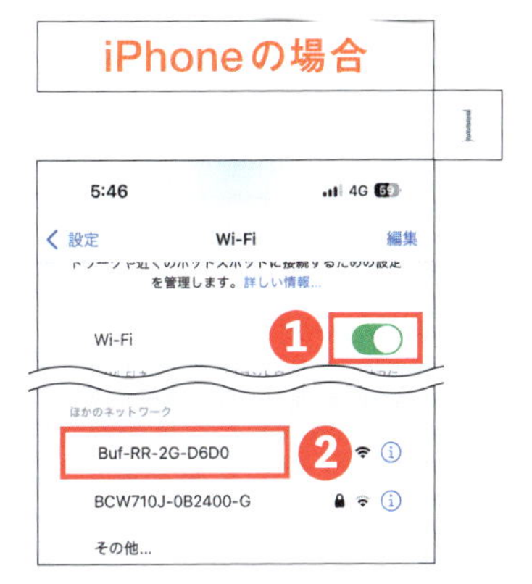

【設定】アプリで［Wi-Fi］をタップ。［Wi-Fi］をタップして❶、オンにする。アクセスポイントの名前をタップ❷

2

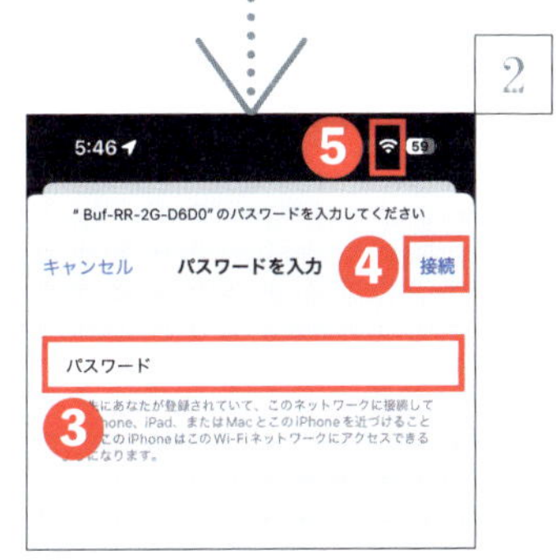

アクセスポイントのパスワードを入力❸。［接続］をタップ❹。接続できると、右上に【扇形】アイコンが表示される❺

07

顔認証や指紋認証でパスワード不要に

顔や指紋を登録すればすぐに使える

スマホを使うたびにパスワードを入力するのは面倒で、時間もかかります。特に外出先では、周りの人に入力する様子を見られてしまう心配もあります。パスワードを知られると、うっかりスマホを置いたまま席を外してしまった時に、他人にスマホを操作されてしまうかもしれません。

そこでおすすめなのが、**顔認証や指紋認証といった生体認証の利用です**。最近のスマホには標準で搭載されており、手に持って画面を見るだけ、あるいは指定の場所に指先を当てるだけでロックを解除できます。

顔認証・指紋認証を設定する

iPhoneの場合

1

【設定】アプリの［Face IDとパスコード］をタップし、パスコードを入力。設定画面で［Face IDをセットアップ］をタップ❶

2

［Face ID］の設定画面で［開始］をタップ❷。画面の指示にしたがって顔を登録

3

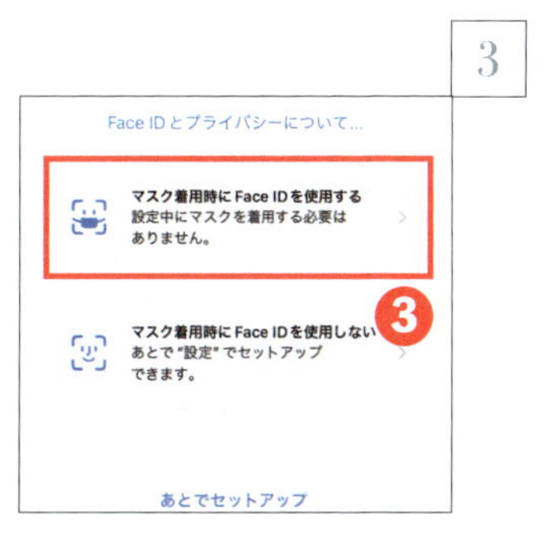

［マスク着用時にFace IDを使用する］をタップ❸。画面の指示にしたがって顔を登録

4

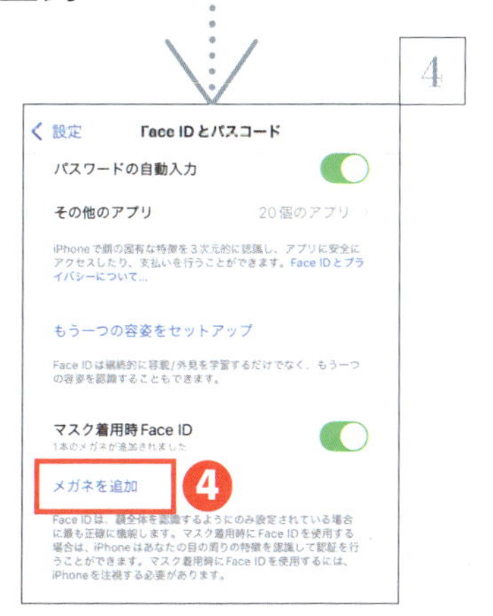

メガネを使っている人は「メガネを追加」をタップ❹。画面の指示にしたがってメガネ着用時の顔を登録

アンドロイドの場合

1

【設定】アプリの［セキュリティとプライバシー］→［デバイスのロック解除］をタップ。［指紋認証］をタップ❶

2

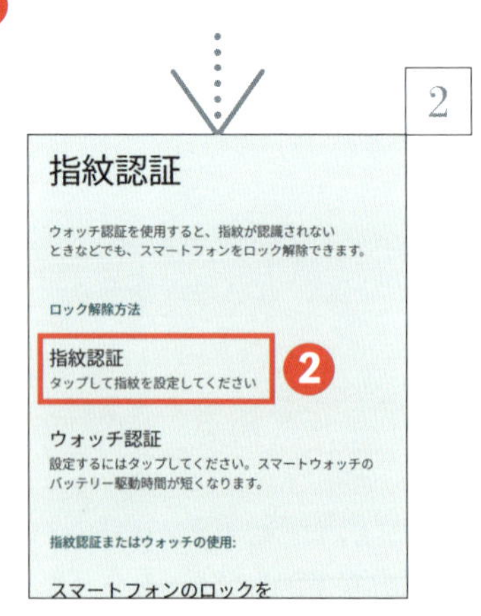

パスワードを入力し、設定画面で［指紋認証］をタップ❷

3

同意事項を確認し、［同意する］をタップ。［指紋の登録方法］画面で［開始］をタップ❸。画面の指示にしたがって指紋を登録

4

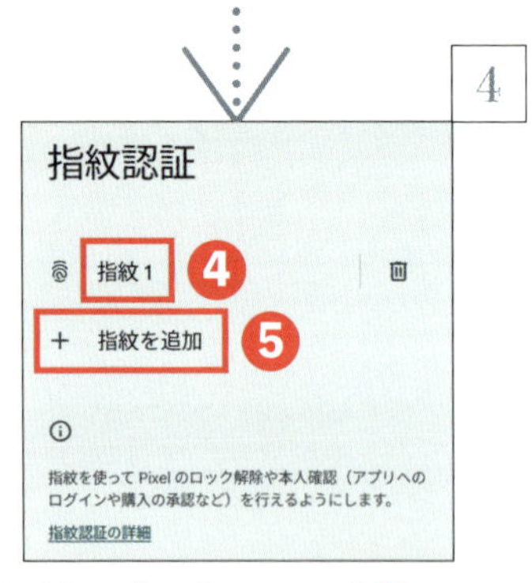

［指紋 1］をタップ❹。登録した指の名前（例：右手人差し指）に変更しておく。別の指の指紋を登録する場合は、「指紋を追加」をタップ❺。同様の手順で登録

08

サイトの広告を消したい

広告が少ないブラウザーで快適に

ネットを閲覧していると、突然大きな広告が表示されて困ることがあります。特にスマホの画面は小さいため、広告が表示されると本来見たい内容が隠れてしまい、とても不便です。

広告を消すために「×」マークをタップしようとしても、あまりにも小さくて押すべき場所を押せず、広告ページが表示されてしまうこともあります。何度もタップしようとして失敗すると、イライラしてしまいます。

ただし、広告は私たちが無料でサイトを利用するために必要な仕組みでもあります。サイトの運営者は広告収入によってコンテンツを提供しているので、**すべての広告を無くしてしまうことはできません**。

ブラウザーを別のアプリにする

あまりにも広告が多くて閲覧の邪魔になるようであれば、対策を考えてみましょう。おすすめなのが「**ブレイブ**」というブラウザーです。スマホに最初から入っているサファリやクロームと比べると、**表示される広告がぐっと少なくなります**。なお、ゲームやニュースアプリなど、**ブラウザー以外の広告は、この方法では消せません**。

広告は邪魔だが必要な仕組み

ブレイブで広告を減らす

ページ表示が崩れた時

1

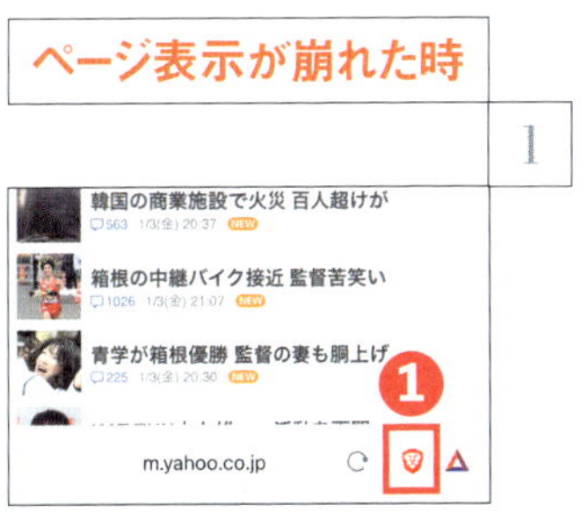

iPhoneなら画面右下、アンドロイドなら画面右上にある【ブレイブ】アイコンをタップ❶

2

［Brave Shields］がオンなら広告がブロックされる❷。ページのレイアウトが崩れてしまう場合は、ここをオフにしてみよう

全体の設定を見直す

1

画面右下の[…](iPhone)または［⋮］(アンドロイド)をタップ。メニューで［設定］をタップ❶

2

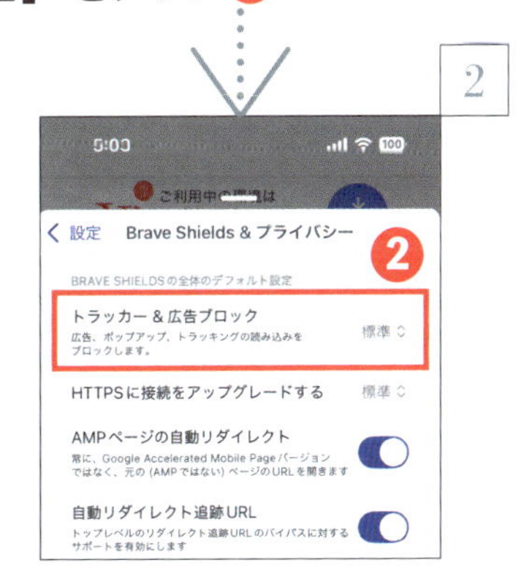

［Brave Shields &プライバシー］をタップ。［トラッカー&広告ブロック］をタップして［標準］または［積極的］を選択❷

09 スマホは充電しっぱなしにしない

充電は正しい方法で行う

スマホを長く快適に使うために、充電の仕方はとても大切です。バッテリーをいつも満タンにしておきたくて、充電ケーブルに常に接続している人がいますが、それでは**バッテリーの寿命が短くなってしまいます**。

正しい充電のタイミングは、スマホの**バッテリー残量が20％程度まで下がったら充電を始め、80％程度になったら充電を終えるのがおすすめです**。これが、バッテリーに優しい使い方なのです。機種によっては、80％程度で充電を自動的に停止してくれる機能を備えたものもあります。

0%まで使い切ってから充電するのはバッテリーに大きな負荷がかかります。また、**ゲームや動画再生などスマホのバッテリーを消費しやすい作業をしながら充電すると、これもバッテリーを傷める原因になります**。

燃えやすいものの近くで充電しない

充電する環境にも注意が必要です。スマホが熱くなる場所（直射日光の当たる場所や暖房の近く）での充電は避けましょう。熱はバッテリーの大敵で、寿命を縮める原因になります。また、寝室で充電する場合は、布団や毛布を避けておくことを強くおすすめします。非常に稀なことですが、バッテリーが過熱して発火する事故が起こることがあるため、**燃えやすいものからは離しておきましょう**。

充電ケーブルや、ケーブルの**差し込み口が濡れた状態での充電は大変危険**です。よく拭いてから乾燥させ、水分が残っていない状態になるまで放置してから充電するようにします。

10 スマホの質問事項はスクショしておく

質問するなら画面の写真を添える

スマホの操作について質問したい時、言葉だけで状況を説明しようとすると、難しく感じることがあります。「この部分をタップしたら変な画面が出てきた」「どこをタップしたらいいかわからない」など、お互いが同じ画面を見ていないと、なかなか伝わりにくいものです。

そんな時に**便利なのが、画面の写真（スクリーンショット、略してスクショ）を撮る方法です**。スクリーンショットは、スマホの画面に表示されている内容をそのまま写真として保存できる便利な機能です。見ている画面をまるごと写真に収められるので、「こんな画面が表示された。どうすればいい？」などと具体的に質問できます。

スクリーンショットの使い方

スクリーンショットはそのまま見てもらうだけでなく、質問したい部分に手書きで印を付けることもできます。【写真】アプリで撮ったスクリーンショットを開き、編集機能を使えば、矢印や丸を書き加えることができます。印を付けた画像をメールやＬＩＮＥで送れば、「ここがわからない」「この部分はどうすればいいの？」と、より具体的に質問できます。

スクショがあれば質問しやすい

スクリーンショットを撮る・見せる

アンドロイドの場合

1

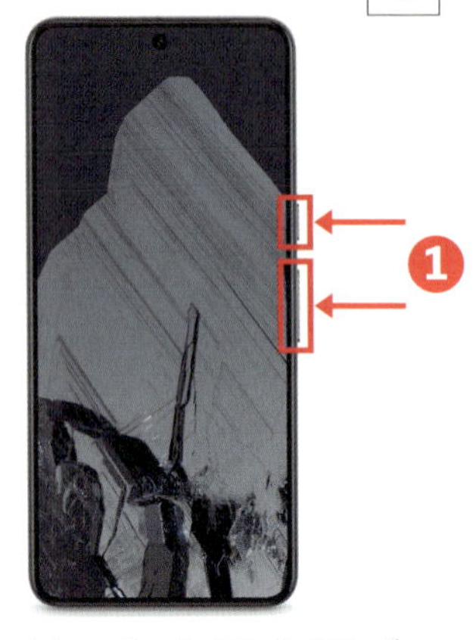

電源ボタンと音量を下げるボタンを同時に押す❶

2

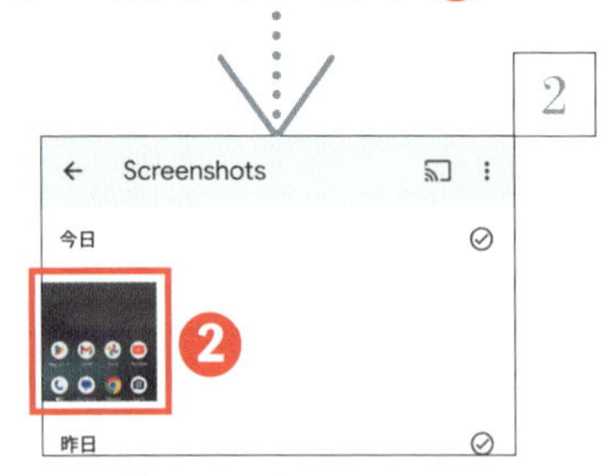

【フォト】アプリを開き、画面下部にある［コレクション］をタップ。画面上部の［Screenshots］をタップ。撮影したスクリーンショットが一覧表示されるので、見せたいものをタップ❷

iPhoneの場合

1

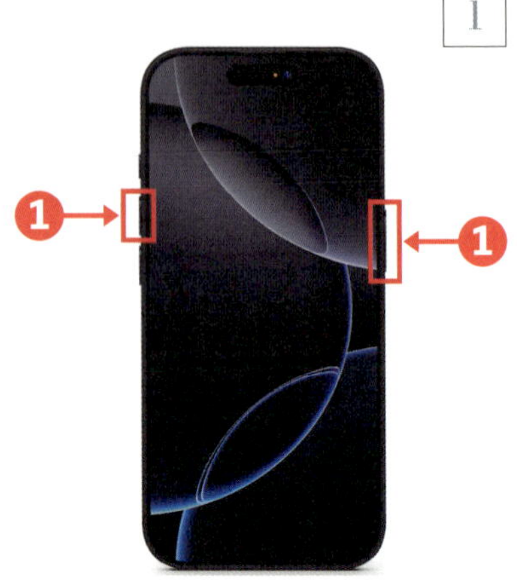

サイドボタンと音量を上げるボタンを同時に押す❶

※ホームボタンのあるiPhoneの場合は、ホームボタンと電源ボタンを同時に押す

2

【写真】アプリをタップ。最後に表示されている画像をタップすると❷、スクリーンショットが大きく表示される

第3章

「困った」をスマホで解決する

01 物忘れはスマホで防ぐ

覚えておきたい情報はスマホで記録

年齢とともに増えてくるのが「あれ、何だっけなあ」ということ。でも、スマホを上手に使えば、大切な情報をしっかりと記録しておくことができます。スマホは、まるで私たちの第二の記憶装置のように使えるのです。

ここでは、ぜひ試してみたい便利な使い方を三つ紹介します。

まず一つ目は、**カメラをメモ代わりに使う方法**です。バスの時刻表や買い物リスト、駐車場の位置、お店の名前など、写真に撮っておけば後で確認できます。

二つ目は、**重要な会話を録音しておく方法**です。病院での医師の説明や、家族との大切な約束事など、聞き逃したくない内容は録音しておくと安心です。なお、**録音する時は、相手に一声かけてから始めるのがマナー**です。

三つ目は、**カレンダーに予定を入れること**です。病院の予約、友人との約束、ゴミ出しの日など、日々の予定をカレンダーに入れておけば、予定が迫ってきたらスマホが教えてくれます。さらに、予定の時間が近づくと通知してくれる機能もあります。

カメラをメモ代わりにすると、
簡単に記録できる

カメラをメモ代わりに使う

1

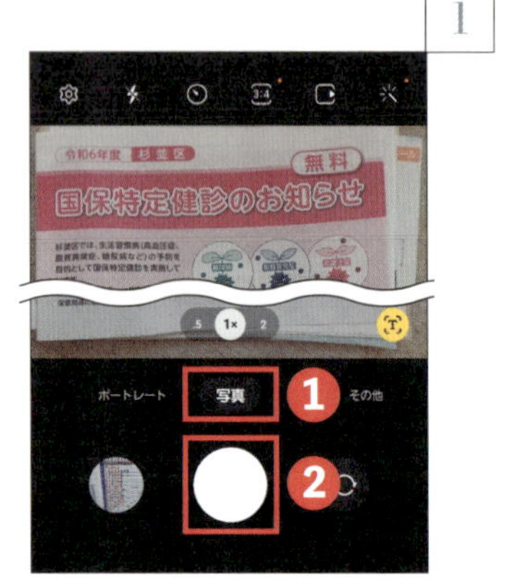

【カメラ】アプリをタップ。撮影モードを［写真］にする❶。シャッターをタップして❷、書類を撮影

2

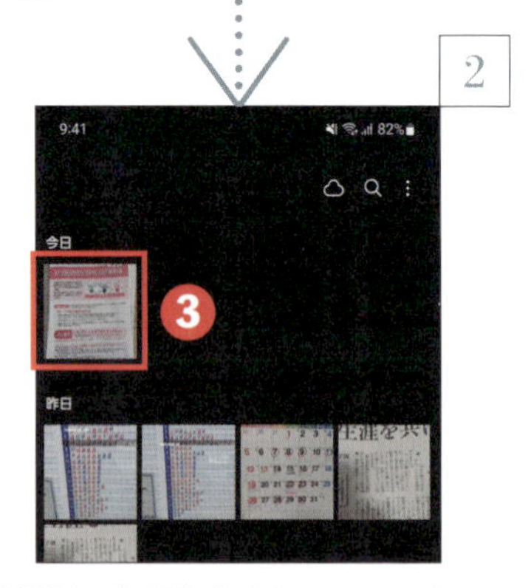

撮影した写真は、アンドロイドは【ギャラリー】アプリで、iPhoneは【写真】アプリでタップする❸

3

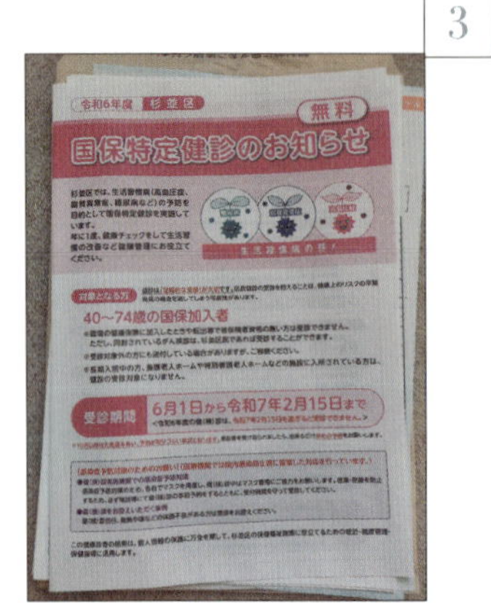

撮影した写真が表示された。ピンチアウト（21ページ参照）で拡大できる

時刻表や掲示板も撮影しておくと便利だ

標準のレコーダーアプリで録音する

アンドロイドの場合

1

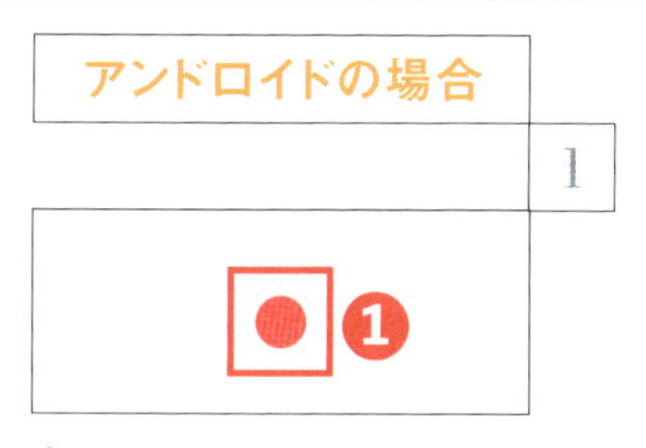

アプリのアイコンをタップ。［●］をタップ❶

※アンドロイドの録音アプリは、機種によって異なるアプリが入っている。例【レコーダー】【音声レコーダー】【ボイスレコーダー】

2

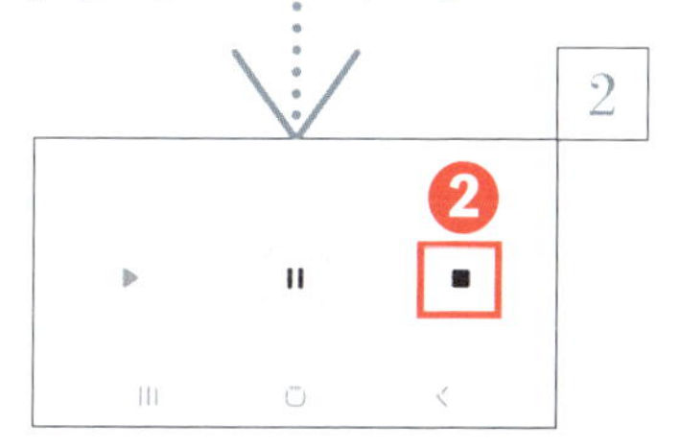

録音を終了したら［■］をタップ❷。名前を付けて保存する

3

リストで聴きたいファイル名の先頭の［▶］をタップし❸、再生する

iPhoneの場合

1

【ボイスメモ】アプリをタップ。画面下部の［●］をタップすると❶、録音がスタートする

※【ボイスメモ】アプリは【ユーティリティ】フォルダーの中にある

2

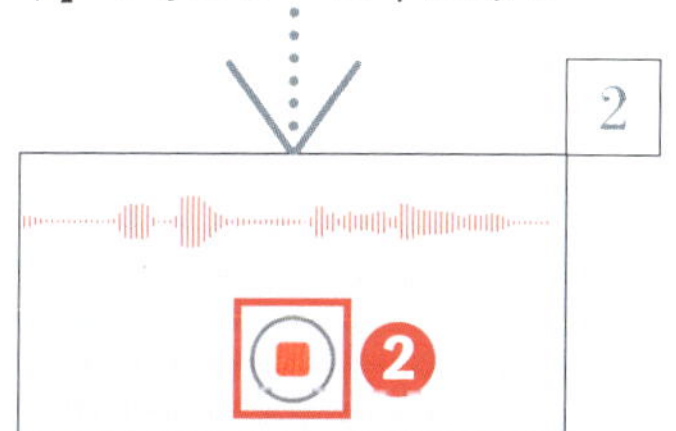

録音を終了するには、［■］をタップ❷

3

リストで聴きたいファイルをタップ。［▶］をタップして❸、再生する

グーグル・カレンダーに予定を登録する

1

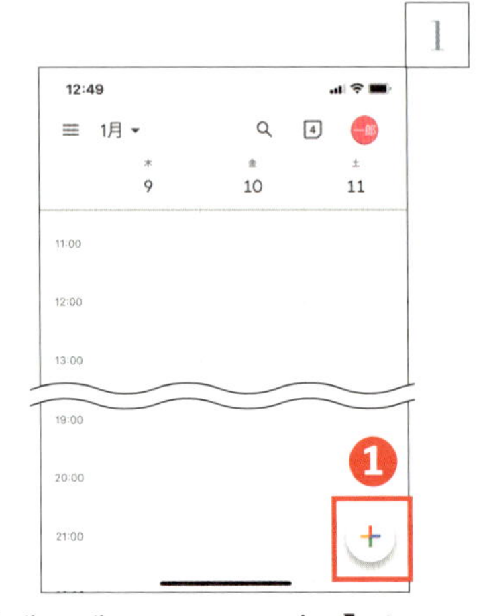

【グーグル・カレンダー】をタップ。画面右下の予定［+］をタップ❶

※利用にはグーグル・アカウントでのログインが必要となる

2

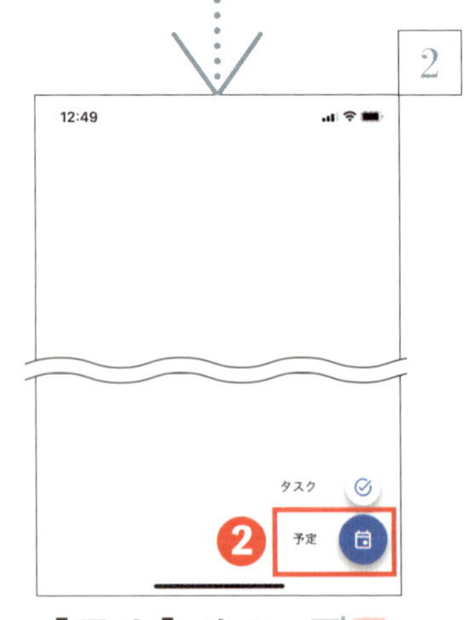

［予定］をタップ❷

3

予定の見出しを入力❸。予定の日付と時刻をタップして設定❹。終日の予定があれば上の［終日］をオンにする。［保存］をタップ❺

4

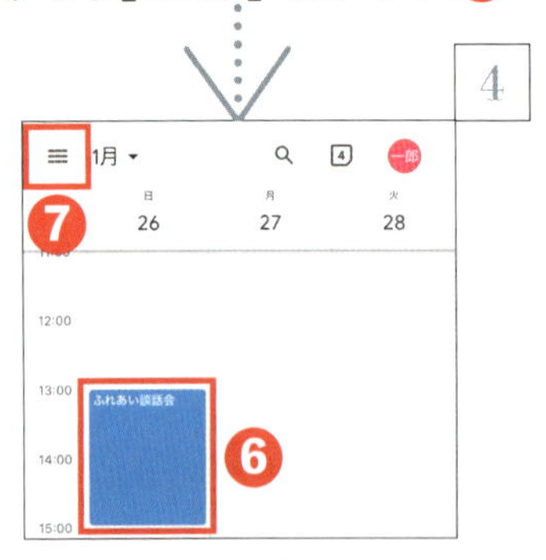

予定がカレンダーに反映される❻。カレンダーの表示形式を変更するには、左上の［メニュー］をタップし❼、［週］［月］などから選択

登録済みの予定の編集・削除を行う

1

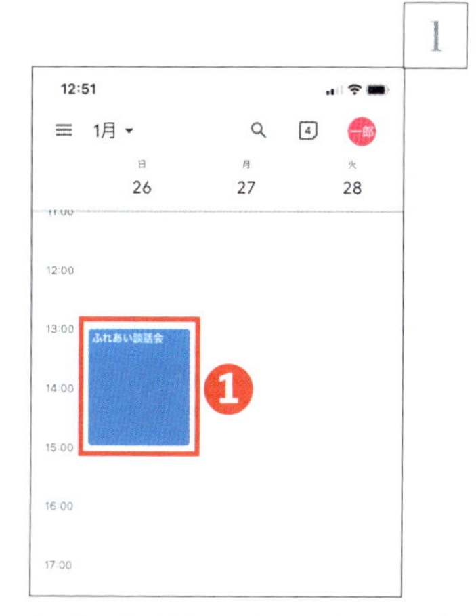

内容を変更したい予定をタップ❶

2

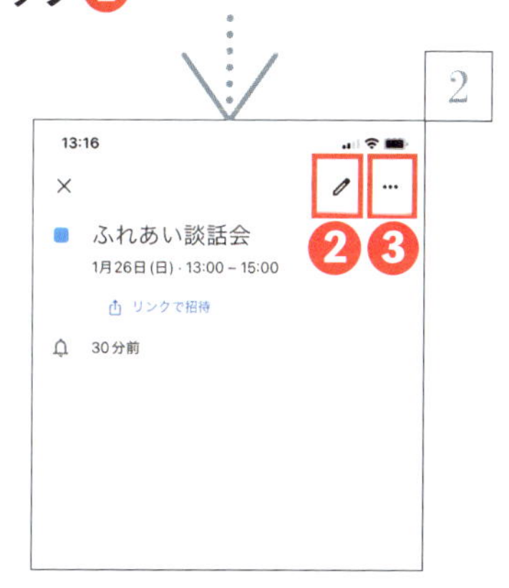

予定の概要が表示された。右上のペンアイコンをタップ❷。予定を削除したい場合は[…]❸→[削除]をタップ

3

見出しや日時など書き換えたい項目をタップして変更❹。[保存]をタップして終了❺

02

小さくて見えない文字はカメラで拡大する

老眼でも大丈夫！ スマホを老眼鏡代わりに

市販薬や食品の成分表示など、老眼鏡がないと読めないような小さな文字が日常にはあふれています。手元に老眼鏡がない場合はスマホのカメラを使ってみましょう。**カメラを向けて画面を指で広げると（ピンチアウト）、文字が大きく鮮明に表示されます**。また、暗い場所にカメラを向けると明るく表示できます。

小さい文字はカメラで拡大

カメラを写真撮影以外に使う

暗い場所を明るく写す

1

肉眼では、こんなに暗くては文字が読めない

2

【カメラ】アプリの画面なら、明るく表示される。

※iPhoneは［ビデオ］モードに切り替えると、さらに明るくなる

文字を拡大する

1

【カメラ】アプリをタップ。画面を指でピンチアウトする❶

※「ピンチアウト」とは、指の間隔を広げるように外に動かすこと

2

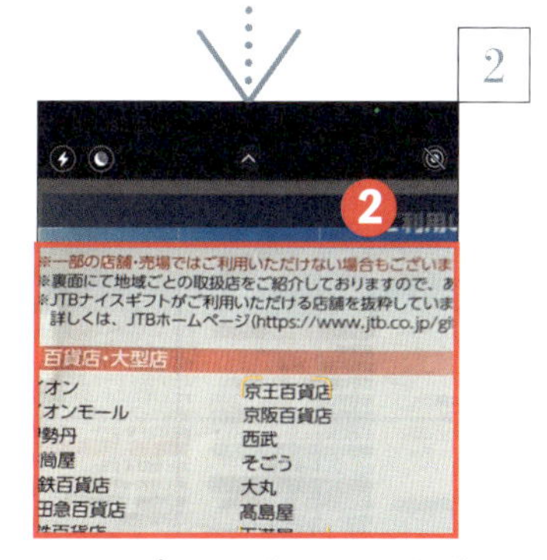

画面がズームされ、小さい文字が拡大表示された❷

03 見づらい場所はカメラで撮影する

家具の裏側など狭い場所を見たい時に

スマホのカメラは非常に高性能で、風景や人物の写真を撮影するのに適しています。しかし、カメラの活用方法はそれだけではありません。小型で、しかも撮影後すぐに画像を確認できるので、別の用途も考えられます。

例えば、普段の生活では、家具の裏や隙間など、手は入るが頭を入れて直接目視することが難しい場所があります。そこに**スマホを差し込んで撮影することで、直接見えない場所の状況を簡単に確認できます**。撮影した画像は、その場で拡大して細かい部分まで確認すると便利でしょう。

また、自分の後頭部や頭頂部、後ろ姿など、普段は鏡を使っても見づらい場所の確認にも、スマホのカメラは役立ちます。この場合は、**静止画より動画での撮影が適しています**。後ろ姿を撮影するには、鏡と組み合わせるといいでしょう。

簡易な懐中電灯にもなる

さらに、スマホのカメラには、フラッシュライトが搭載されています。このライトは、写真撮影時の一瞬の発光だけでなく、継続して光らせることができます。**暗い場所での懐中電灯代わりとして重宝します**。なお、より弱い明かりが必要な場合は、スマホの画面を点灯させてみましょう。程よい明るさを得ることができます。

スマホのライトを懐中電灯として使う

アンドロイドの場合

1

画面上部を下にフリック❶。クイック設定パネルで、【ライト】アイコンをタップしてオンにする❷

2

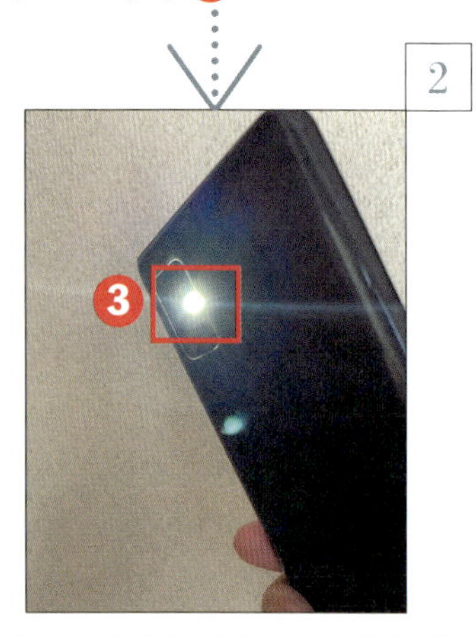

背面のLEDライトが点灯❸。再度【ライト】アイコンをタップするとオフにできる

iPhoneの場合

1

画面右上隅から下へフリック❶。ホームボタンのあるiPhoneは画面下部から上にフリック。コントロールセンターで【ライト】アイコンをタップ❷

2

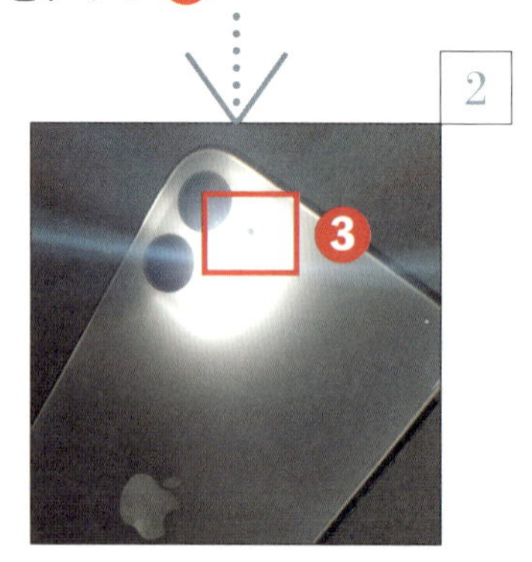

背面のLEDライトが点灯❸。再度【ライト】アイコンをタップするとオフにできる

04

スマホを万能メモ帳にしよう

音声と手書きで簡単メモ

スマホなら、すでに解説したように、写真撮影や音声録音で便利にメモを取ることができます。しかし、さらに効率的なメモ取りの方法もあるのです。

メモを取るといえば、**まず試したいのが【メモ】アプリへの音声入力の活用です**。スーパーで買いたい食品や、ネットショップで注文しなければならない商品、家族に直接伝えたいことなどが頭に浮かんだら、すぐに【メモ】アプリを開いて音声入力で書き留めておきましょう。そうすれば、忘れることがなくなるはずです。

声が出せないなら、手書きで

例えば、電車内や会議中など、**声を出すことが難しい場所では、手書き機能が活用できます**。指先でスマホの画面に直接文字や図形を書き込むことで、素早くメモを残すことができます。手書き入力は、美しい文字を書くのには適していませんが、数字や簡潔な言葉を記録するのに十分な機能です。

手書き機能は、iPhoneの場合は標準の【メモ】アプリに実装されています。アンドロイドでは【キープ】アプリを利用することで、同様の機能を使用できます。これらのアプリは操作が簡単で、**書いたメモは自動的に保存されます**。

手入力不要!
音声入力でメモを取る

iPhoneの場合

1

【メモ】アプリをタップ。右下の【新規作成】アイコンをタップ❶

2

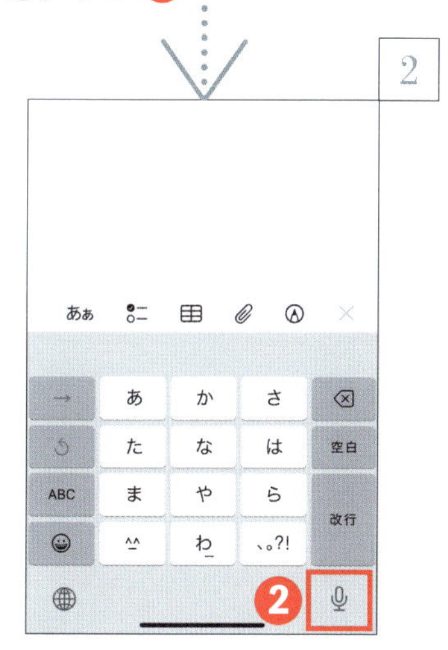

右下の【マイク】アイコンをタップ❷

3

このように表示されたら❸、スマホに話しかける

4

文字で表示された❹。「、」は「てん」、「。」は「まる」と話す。「かいぎょう」で改行

アンドロイドの場合

1

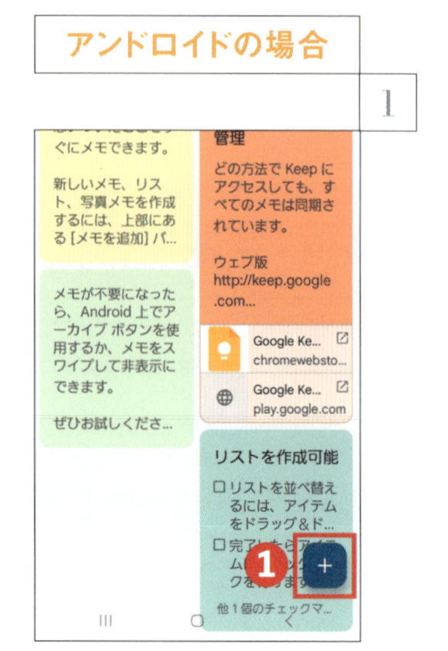

【キープ】アプリをタップ。グーグル・アカウントでログインし、右下の［＋］ボタンをタップ❶

2

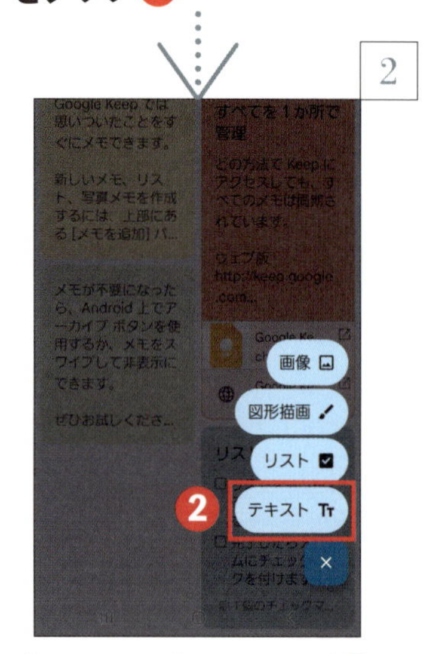

［テキスト］をタップ❷

3

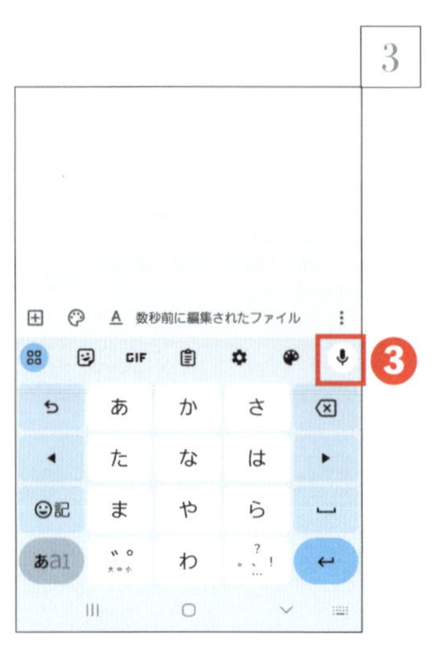

【マイク】アイコンをタップ❸

4

文字で表示された❹。「、」は「とうてん」、「。」は「くてん」と話す。「新しい行」で改行

手書きでメモを取る

iPhoneの場合

1

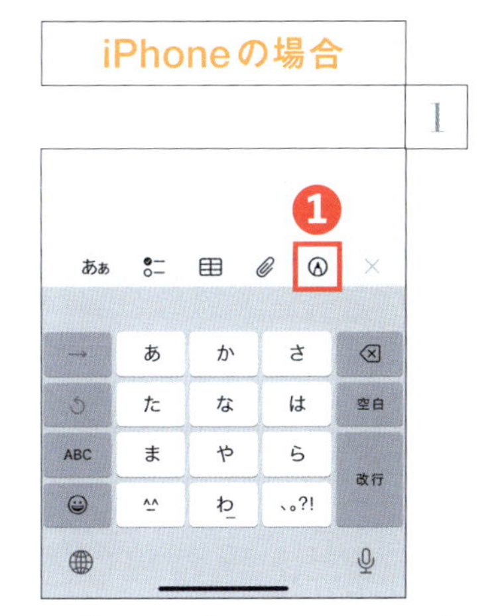

【メモ】アプリのメモ作成画面で【ペン】アイコンをタップ①

2

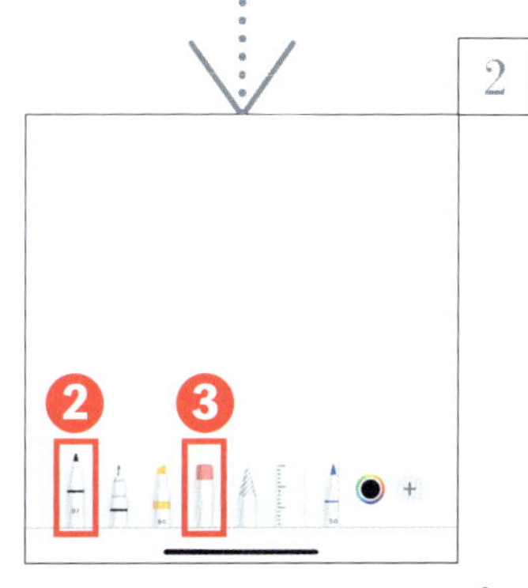

画面下部でペンをタップして②、画面を指先で撫でると書ける。消しゴムをタップして③、同じように画面を撫でると消える

3

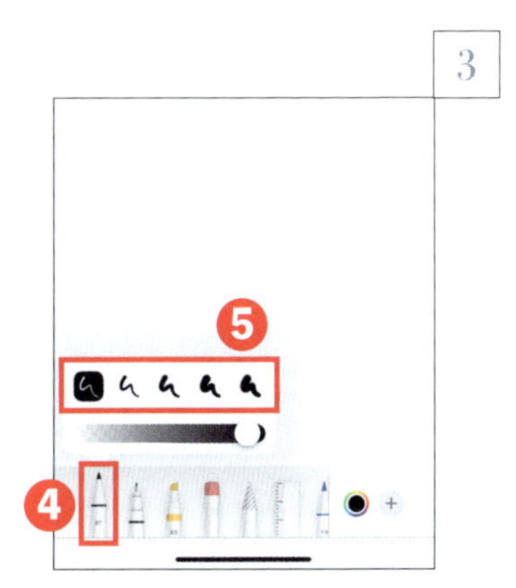

選択したペンをもう一度タップすると④、線の太さを選択できる⑤

4

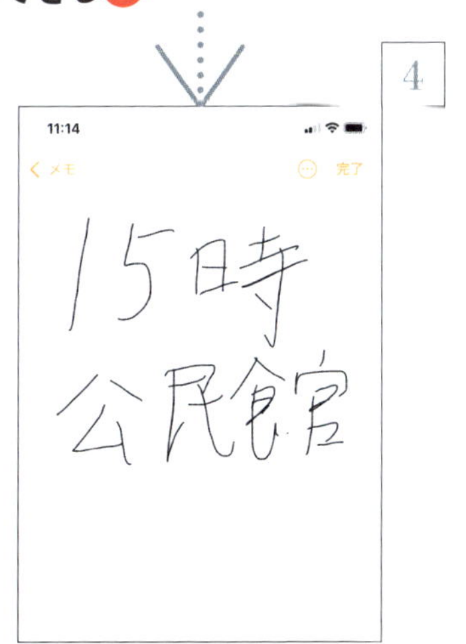

話を聞いてすぐにメモを取りたい時に便利だ

アンドロイドの場合

1

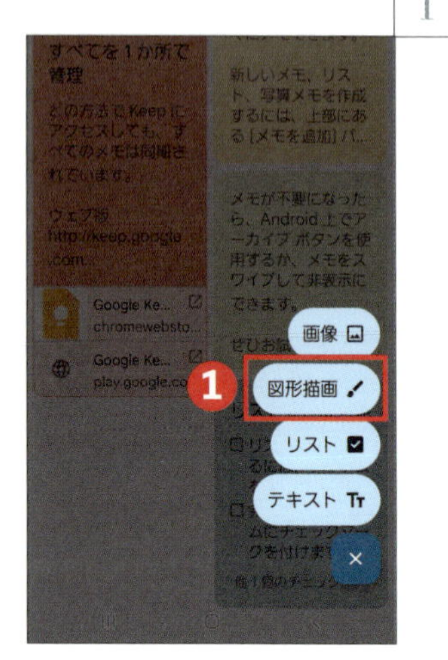

新規作成メニューで［図形描画］をタップ❶

※新規作成メニューの表示方法は、90ページを参照

2

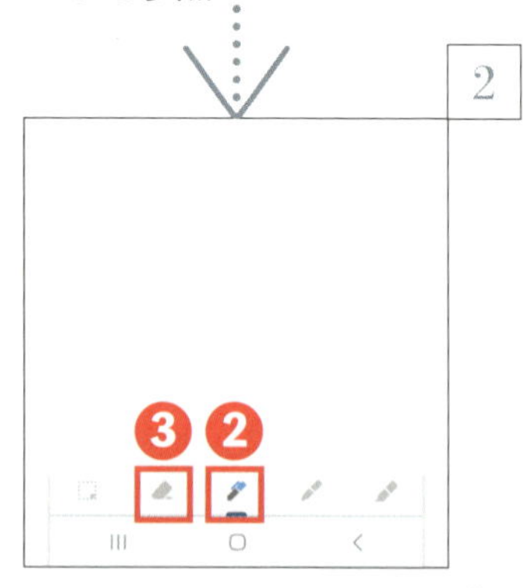

画面下部のペンをタップして❷、画面を指先で撫でると書ける。消しゴムをタップして❸、同じように画面を撫でると消える

3

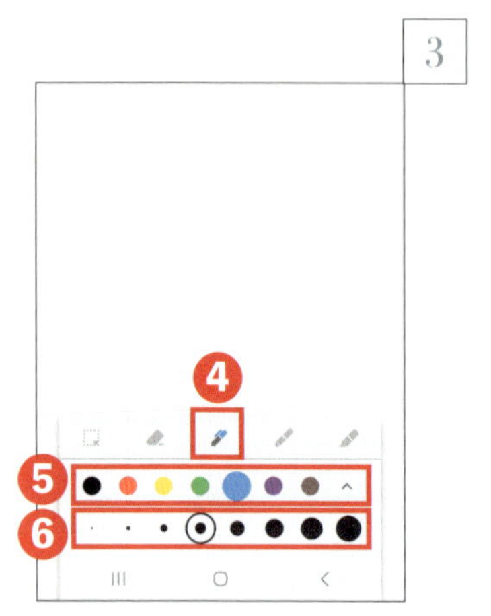

選択したペン❹を再度タップすると、線の色❺や、線の太さ❻を変更できる

4

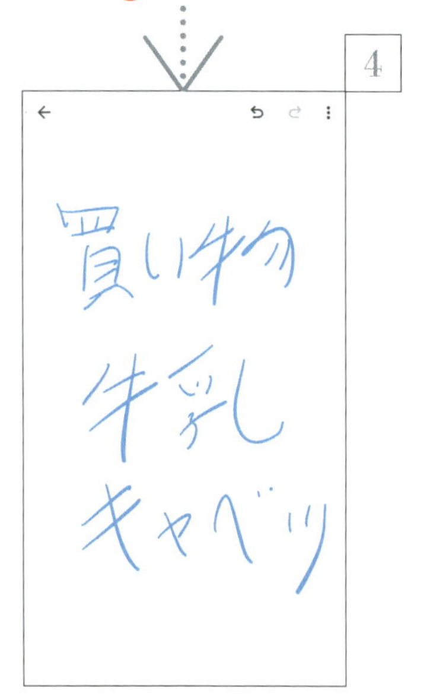

立っていても、サッとメモ書きができる

05 印刷物の文章をスマホに取り込む

紙に印刷された文章なら簡単！

公共機関などから届く重要なお知らせは、スマホのカメラで撮影すると便利ですが、後から探したり必要部分を抜き出したりするのは難しくなってしまいます。一方、文章として保存すれば管理は楽になりますが、入力には手間がかかります。

そこで便利なのが【グーグル・レンズ】アプリです。**カメラで撮影した印刷物を編集可能な文章に変換でき、【メモ】アプリへの保存やＬＩＮＥでの共有が可能です**。ただし、きれいな印刷物なら正確に変換できますが、手書き文字や特殊なフォントは認識できないことがあります。変換後は必ず内容を確認しましょう。

グーグル・レンズで文章を取り込む

1

【グーグル】アプリをタップ。【レンズ】アイコンをタップ❶

2

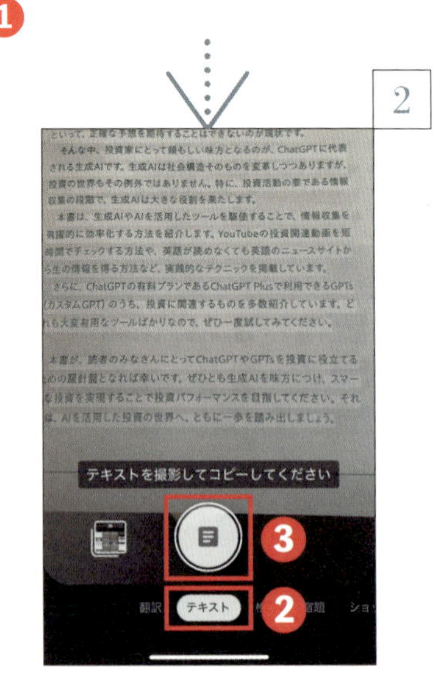

［テキスト］をタップ❷。文章を画面内に表示し、シャッターボタンをタップ❸

3

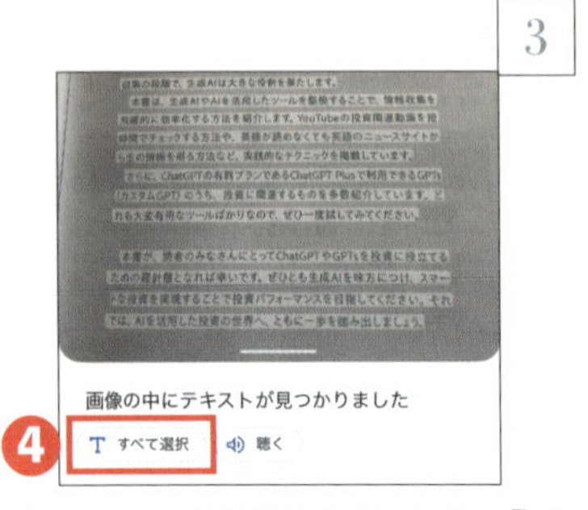

テキストが認識されたら［すべて選択］をタップ❹

4

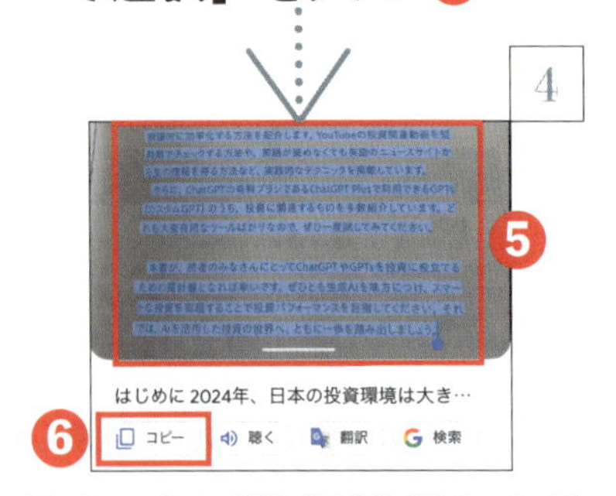

テキストが選択状態になる❺。［コピー］をタップ❻。【メモ】アプリなどに貼り付ける

06

英語や中国語の掲示を読みたい

スマホがあれば外国語がすぐに読める

近年、日本ではインバウンド需要が増えて、街中や観光地で英語や中国語の掲示を目にする機会が増えています。駅の案内板、観光スポットの説明、そして飲食店のメニューまで、外国語表記が当たり前になってきました。

それらを見た時、「何と書かれているのだろう」と思ったら、【**グーグル・レンズ**】アプリを使ってスマホのカメラをかざしてみましょう。まるで魔法のように、**リアルタイムで外国語の部分が日本語になって画面に表示されます**。もちろん、海外旅行でも役に立つので、機会があれば使ってみてください。

英語の掲示文をリアルタイム翻訳

1

【グーグル】アプリをタップ。【レンズ】アイコンをタップ❶

2

［翻訳］をタップ❷

3

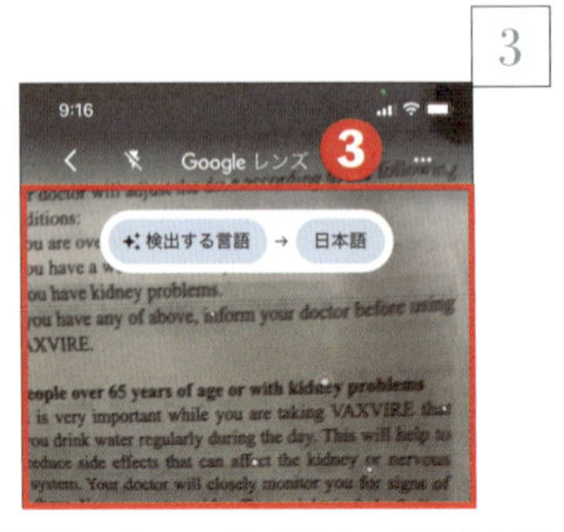

翻訳したい文章に画面をかざす❸

4

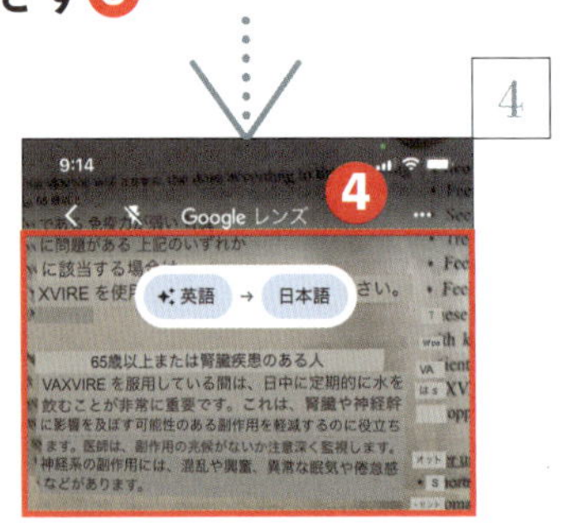

自動的に翻訳が実行され、日本語の翻訳文が表示される❹

アプリ情報	
アンドロイド	iPhone
導入済み（インストール不要）	

第4章

「知りたい」をスマホで解決する

01 知りたいことをチャットGPTに尋ねる

知りたいことを気軽に質問できる

「**チャットGPT**」というAI（人工知能）を使うと、質問するだけでさまざまな情報を教えてもらうことができます。例えば、料理のレシピや健康についての質問、歴史上の出来事など、幅広い内容について尋ねることができます。

使い方は簡単で、**スマホで「チャットGPT」のアプリを開き、普段の会話のように質問を入力するだけです**。「ブリのあらを使った簡単なレシピは？」「血圧を下げる方法は？」といった質問に、わかりやすく答えてくれます。もちろん、音声入力も利用できます。

ネット検索を利用するモードを使えば、検索結果をもとに最新ニュースにも答えてくれます。最新情報を知るには、**必ず「ネットを検索して」と付け加えましょう。**

気を付けるポイント

チャットGPTは便利な道具ですが、完璧ではありません。医療・法律など**専門的な内容について大切な判断をする際は、チャットGPTだけに頼らないことをおすすめします**。

チャットGPTは無料で利用できますが、有料プラン（月額20ドル）に加入すると、精度の高いモードでの利用がほぼ無制限になります。

チャットGPTは
いろいろな質問に答えてくれる

チャットGPTを使う準備をする

iPhoneの場合

1

ホーム画面で【チャットGPT】アプリをタップ。［Appleで続ける］をタップ❶

2

［Appleでサインイン］画面で、［続ける］をタップ❷

3

［メールを共有］をタップ❸。［続ける］をタップ❹

4

生年月日を入力❺。［続ける］をタップ❻。これで登録が完了

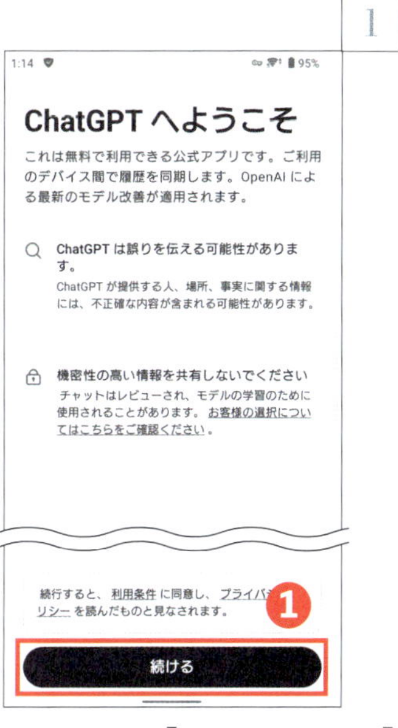

ホーム画面で【チャットGPT】アプリをタップ。［続ける］をタップし❶、次の画面で［サインアップ］をタップ

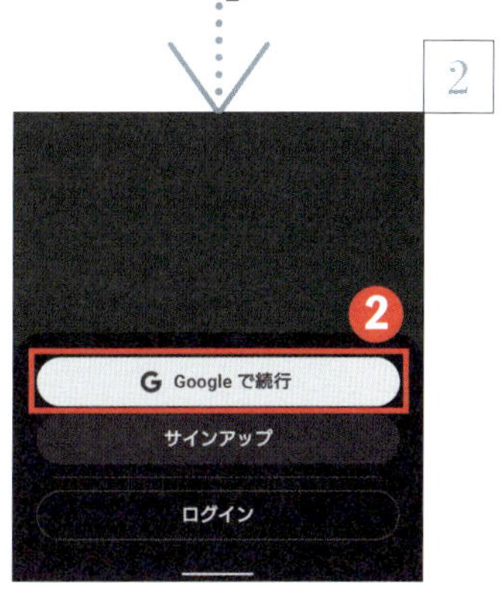

［Googleで続行］をタップ❷

［（自分の名前）として続行］をタップ❸

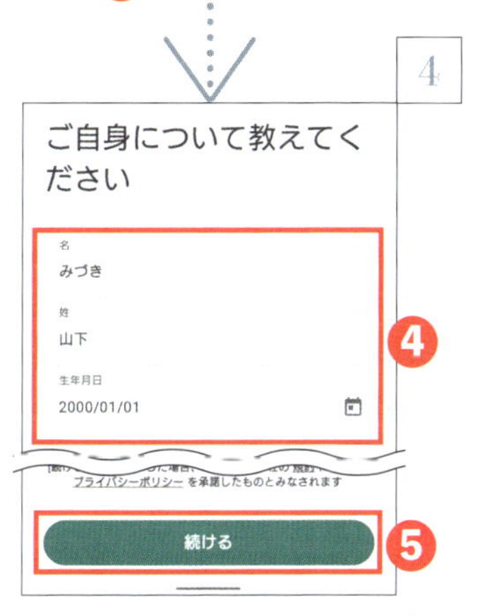

名前と生年月日を入力❹。［続ける］をタップ❺。これで登録が完了

チャットGPTに質問する

話しかけて質問する

1

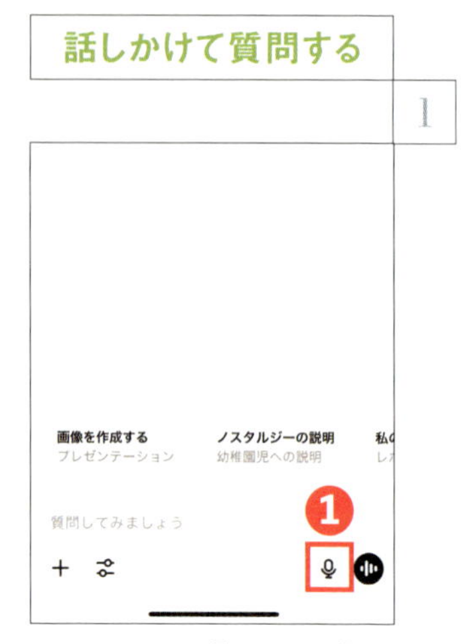

画面下部の【マイク】アイコンをタップ❶

2

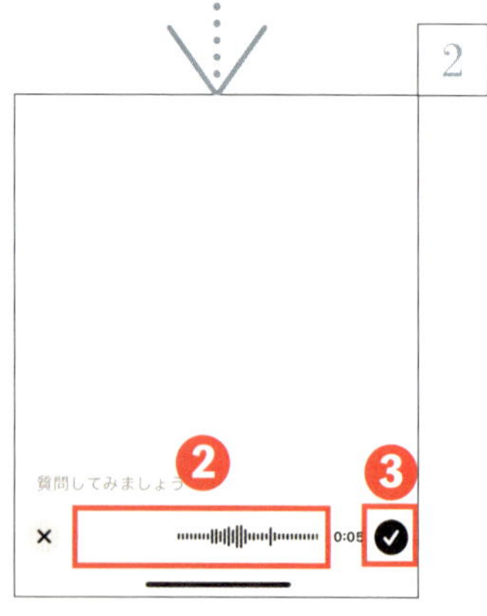

波形が表示されたら、質問を話しかける❷。話し終えたら、【チェック】マークをタップ❸

3

話しかけた内容が表示される❹。［↑］をタップ❺

※最新情報を知りたいときは「ネットで調べて」と付け加える

4

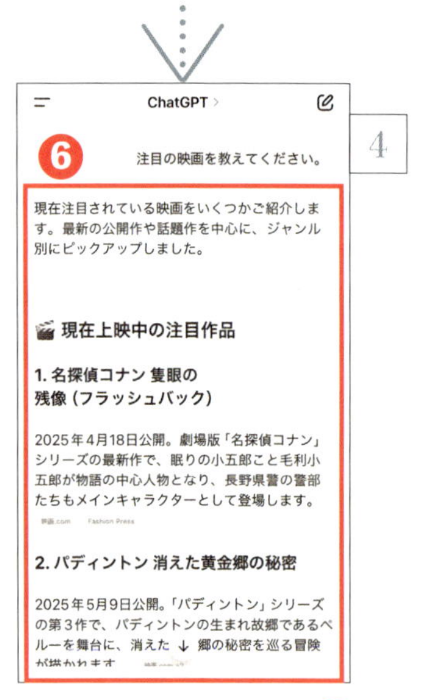

回答が表示される❻

以前の会話を表示する

1

画面左上の【メニュー】アイコンをタップ❶

2

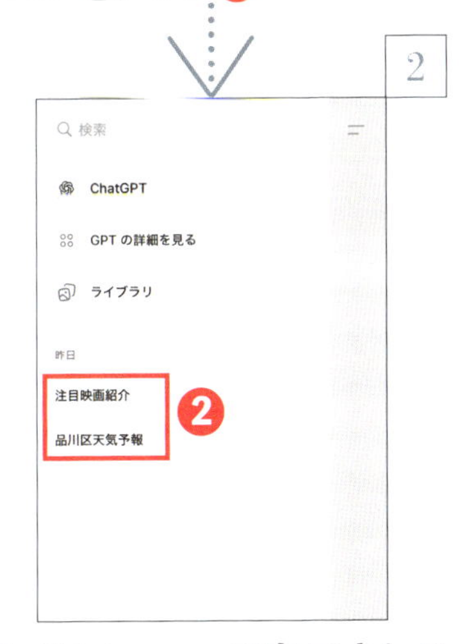

サイドメニューが表示される❷。ここに過去の質問履歴が表示されるので、見たいものをタップ

新しい会話を始める

1

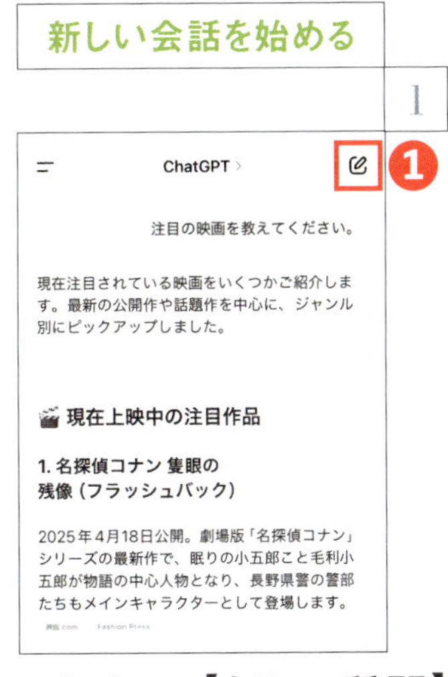

画面右上の【新しい質問】アイコンをタップ❶

2

最初の画面に戻った。あとは同じ手順で質問する

02 詳しく知りたいなら検索する

キーワード検索の基本を知っておく

キーワード検索とは、一つまたは複数の言葉をグーグルなど検索サイトで入力して、関連するウェブサイトを探すことを言います。例えば、「糖尿病　症状」や「呼吸器内科　千代田区」「近鉄奈良　ビジネスホテル」のように入力して、関連する情報を載せたサイトを見つけます。

検索の方法は簡単です。まず、スマホのサファリやクロームなどの**ブラウザーのアイコンをタップし、画面上部の長細い入力欄（アドレスバー）に、キーワードを入力します**。

キーワード検索を行う

1

ホーム画面で、iPhoneは【サファリ】アプリ、アンドロイドは【クローム】アプリをタップ。【マイク】アイコンをタップ❶

2

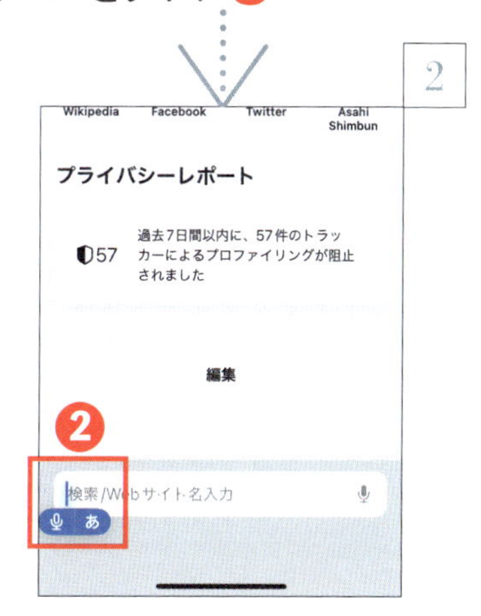

質問を話しかける❷

3

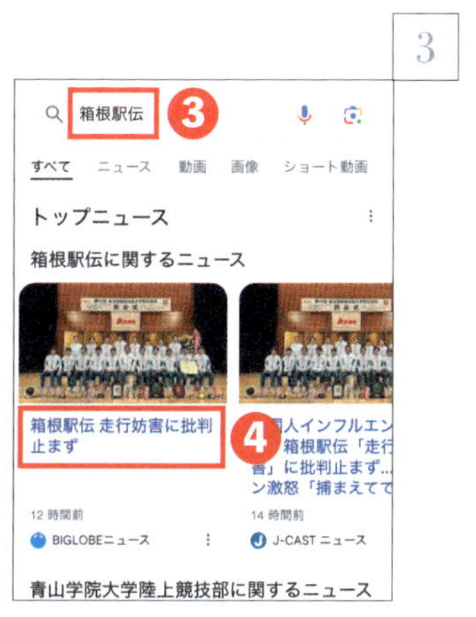

話し終えると、その言葉で検索が実行される❸。検索結果から、見たいページのリンクをタップ❹

4

ページが表示された❺

03 日常の「ちょっと知りたい」を調べる

【グーグル】アプリやチャットGPTを使う

暮らしの中でのちょっとした疑問は、スマホで解決しましょう。明日の天気は、チャットGPTかキーワード検索でわかります。また、わからない言葉は、チャットGPTやグーグル・レンズで調べます。テレビから流れる曲の曲名がわからないなら、【グーグル】アプリの「曲を検索」機能が便利です。

天気予報はスマホで調べる

明日の天気を知りたい

ブラウザーで調べる

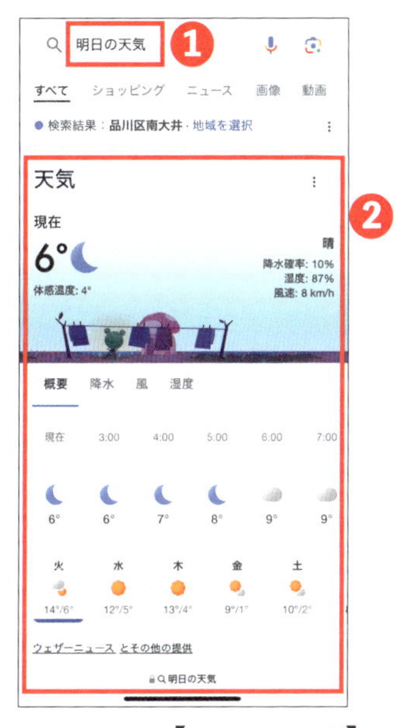

iPhoneは【サファリ】、アンドロイドは【クローム】アプリをタップ。「明日の天気」などと入力して検索❶。現在地の天気予報が表示された❷

チャットGPTで調べる

1

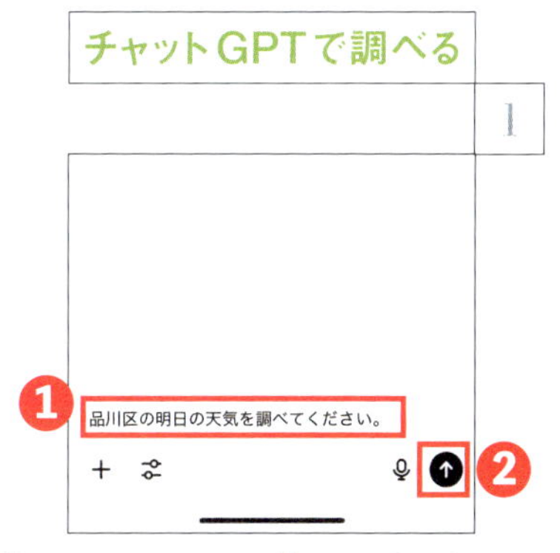

【チャットGPT】アプリをタップ。「（調べたい地域）の明日の天気を調べてください」のように質問を音声で入力❶。［↑］をタップ❷

2

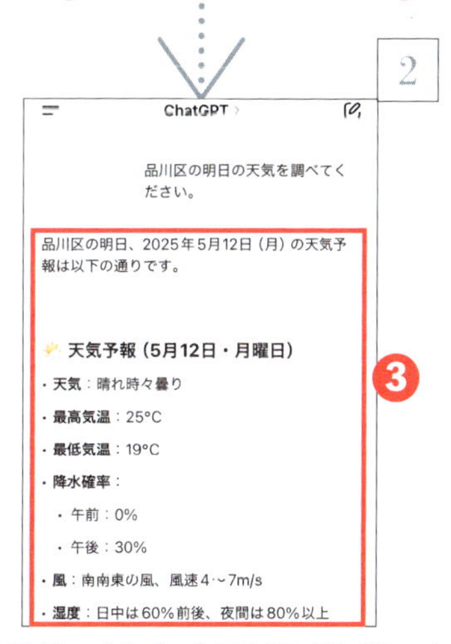

質問に対する天気予報が表示された❸

知らない言葉を調べたい

グーグル・レンズで調べる

1

ホーム画面で【グーグル】アプリをタップ。【カメラ】アイコンをタップ❶

2

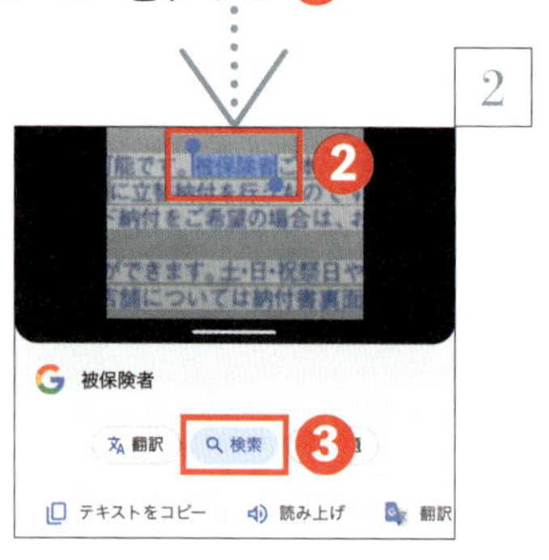

調べたい言葉を撮影してタップ❷。［検索］をタップすると❸、画面下部に意味が表示される

アプリ情報	
アンドロイド	iPhone
導入済み（インストール不要）	

チャットGPTで調べる

1

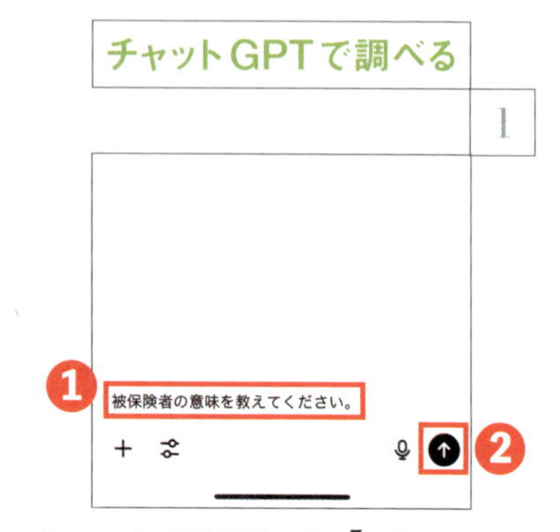

ホーム画面で【チャットGPT】アプリをタップ。「（調べたい言葉）の意味を教えてください」のように質問を音声で入力❶。［↑］をタップ❷

2

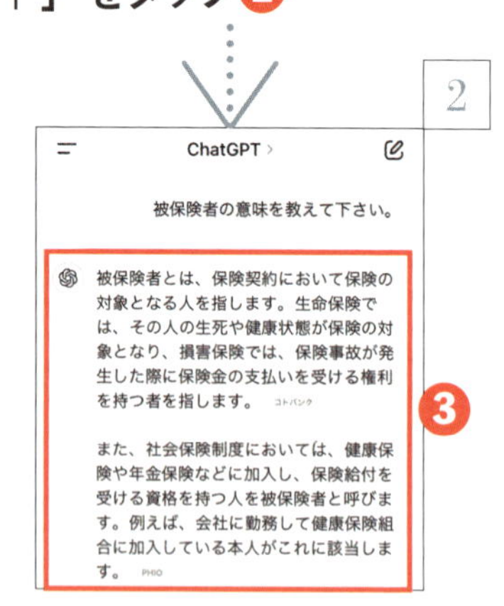

質問した言葉の意味が表示された❸

車種を知りたい

ホーム画面で【グーグル】アプリをタップし、【カメラ】アイコンをタップ。調べたい車を表示して、【虫眼鏡】アイコンをタップ1

撮影した車の検索結果が表示された2

曲名を知りたい

ホーム画面で【グーグル】アプリをタップ。【マイク】アイコンをタップ1。次の画面で［曲を検索］をタップ2。調べたい曲をスマホに聴かせる

曲が認識され、曲名が表示された3

04

薬の副作用を調べる

薬のことを調べるにはココに注意！

薬の副作用について調べるときは、スマホでチャットＧＰＴを使うか、ブラウザーでキーワード検索します。ただ、**ネット上にはさまざまな情報があるため、信頼できる情報源から調べることが大切です**。

まず、お薬手帳を用意して、調べたい薬の正確な名前を確認します。次に、チャットＧＰＴやブラウザーのキーワード検索で「（薬品名）　ＰＭＤＡ　副作用」または「（薬品名）　厚生労働省　副作用」と入力して検索します。ＰＭＤＡとは、独立行政法人医薬品医療機器総合機構のことで、医薬品や医療機器などの承認審査や安全対策、健康被害救済を行っている組織です。

自己判断は危険！　公式情報をベースにする

スマホで自分で調べた情報をもとに、自己判断で薬の服用を中止するのは危険です。必ず医師や薬剤師に相談してください。特に薬の服用後に高熱、発疹、息苦しさなどの症状が出た場合は、すぐに医療機関を受診することが重要です。

また、ＳＮＳやユーチューブ（ＹｏｕＴｕｂｅ）、個人のブログに書かれている情報は、人それぞれの体験談であり、**必ずしも全員に当てはまるとは限りません**。特に、有名なインフルエンサー（ネットで多くの人に影響を与える人）の話だからといって**鵜呑みにするのは大変危険**です。参考程度にとどめておき、判断に迷う場合は、かかりつけの医師や薬剤師に相談することをおすすめします。

05

近くのクリニックを探す

地域名と診療科名でキーワード検索する

スマホで近くのクリニックを探すには、ブラウザーのアドレスバーに地域名と診療科名を入力して検索します。例えば「新宿区　眼科」「渋谷　整形外科」といった具合です。地域と診療科によっては、たくさん表示されることもあります。より詳しく探したい場合は「土曜診療」「女性医師」「予約可」「駐車場あり」などの**条件を追加して検索すると、自分に合った医療機関を見つけやすくなります**。

検索結果には、診療時間や診療科などそれぞれの医療機関の基本情報が表示されます。クリニックによっては、在籍している医師の名前や顔写真、専門分野、勤務日程までサイトに掲載されています。

クチコミに頼りすぎないように

どのクリニックを選べばよいか迷った時、ネット上のクチコミは参考になる面もあります。ただし、これらのクチコミ情報は、**あくまでも参考程度にとどめる**ほうが賢明です。また、稀に事実と異なる内容を書き込む人もいるので注意しましょう。

病院探しはスマホでラクラク！

クリニックの評判を調べる

1

ホーム画面でiPhoneは【グーグル・マップ】、アンドロイドは【マップ】をタップ。画面上部の【マイク】アイコンをタップし❶、調べたいクリニック名を話す

2

複数のクリニックが表示されたら、目的のクリニックをタップ。該当するクリニックが表示されたら、バーを上にフリック❷

3

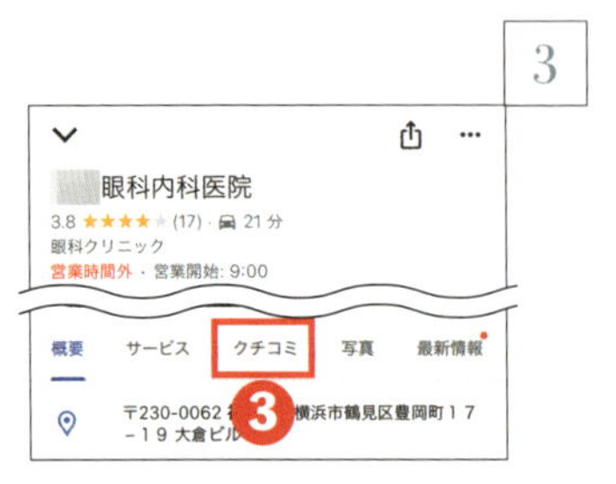

詳細情報が表示されたら［クチコミ］をタップ❸

4

そのクリニックに対する評価とクチコミが表示された❹

アプリ情報	
アンドロイド	iPhone
導入済み（インストール不要）	

06

体調不良の原因はチャットGPTに聞く

チャットGPTに相談する

体調が優れない時、どの診療科を受診すべきか迷うことがあります。そんな時は、**チャットGPTを使って、症状から考えられる原因を調べることができます**。

チャットGPTは医学についての幅広い知識を持っており、症状を入力すると、考えられる原因をいくつか示してくれます。例えば「頭が痛くて吐き気がする」と入力すると、関連する症状や、受診を検討すべき診療科について教えてくれます。

チャットGPTに尋ねる時は、感じている症状を具体的に書きます。より詳しい回答を得るためには、「いつから症状が出ているか」「痛みの種類や場所」「症状の変化があるか」などの情報を入力すると、さらに正確な回答が得られます。

また、「この症状ではどの診療科に行けばいいですか?」と追加で質問すると、適切な診療科も教えてくれます。例えば、頭痛の場合、脳神経外科、神経内科、頭痛外来など、症状に応じた診療科を提案してくれます。

チャットGPTで得た情報は、病院に行く前の予備知識として活用できます。医師に症状を説明する時にも、あらかじめ整理した情報が役立ちます。

体調不良時にはスマホに相談する

症状をチャットGPTに伝える

1

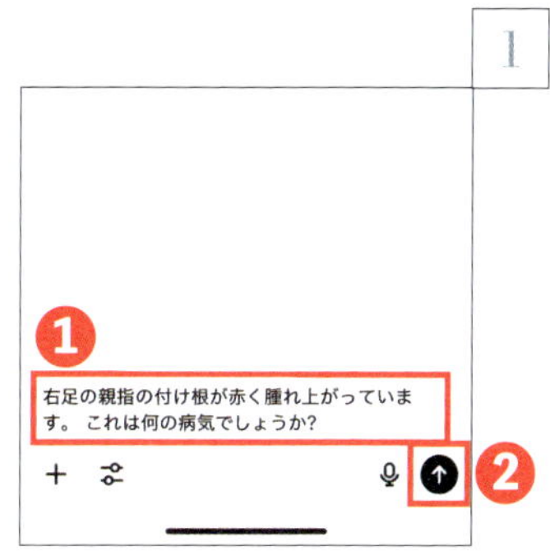

1
右足の親指の付け根が赤く腫れ上がっています。 これは何の病気でしょうか?
2

ホーム画面で【チャットGPT】アプリをタップ。聞きたい症状を音声入力❶。［↑］をタップ❷

2

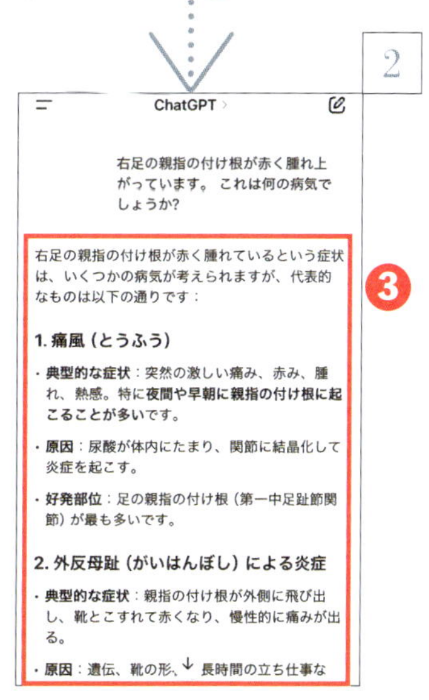

ChatGPT
右足の親指の付け根が赤く腫れ上がっています。 これは何の病気でしょうか?
右足の親指の付け根が赤く腫れているという症状は、いくつかの病気が考えられますが、代表的なものは以下の通りです：
1. 痛風（とうふう）
・典型的な症状：突然の激しい痛み、赤み、腫れ、熱感。特に夜間や早朝に親指の付け根に起こることが多いです。
・原因：尿酸が体内にたまり、関節に結晶化して炎症を起こす。
・好発部位：足の親指の付け根（第一中足趾節関節）が最も多いです。
2. 外反母趾（がいはんぼし）による炎症
・典型的な症状：親指の付け根が外側に飛び出し、靴とこすれて赤くなり、慢性的に痛みが出る。
・原因：遺伝、靴の形、長時間の立ち仕事な
3

原因の候補が回答された❸

3

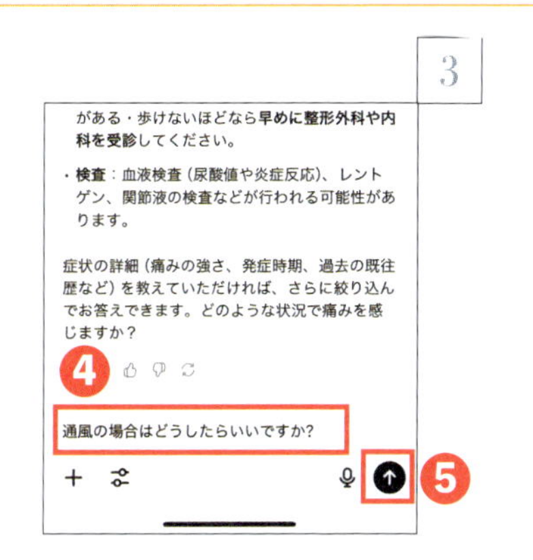

がある・歩けないほどなら早めに整形外科や内科を受診してください。
・検査：血液検査（尿酸値や炎症反応）、レントゲン、関節液の検査などが行われる可能性があります。
症状の詳細（痛みの強さ、発症時期、過去の既往歴など）を教えていただければ、さらに絞り込んでお答えできます。どのような状況で痛みを感じますか？
4
通風の場合はどうしたらいいですか?
痛風（通風）の場合は、適切な対処と生活習慣の見直しが重要です。以下に分けて説明します。
【急性発作時（痛みが強いとき）】
まずは炎症と痛みを抑えることが最優先です。
1. 安静にする
・痛みのある足はできるだけ動かさず、負担をかけないようにしてください。
5

対処方法を知りたい時は、検索ボックスをタップして質問を音声入力❹。［↑］をタップ❺

4

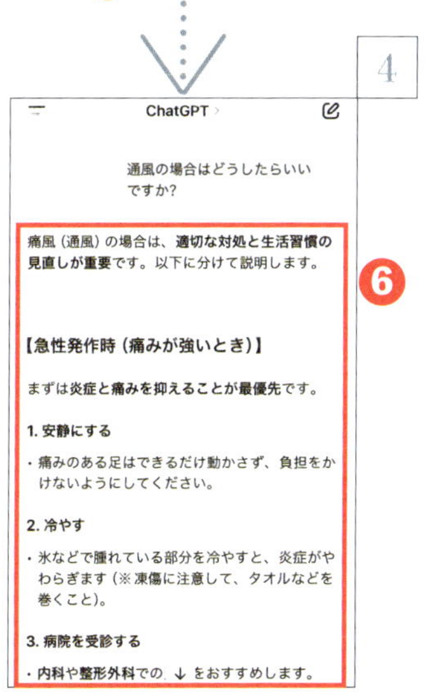

・氷などで腫れている部分を冷やすと、炎症がやわらぎます（※凍傷に注意して、タオルなどを巻くこと）。
3. 病院を受診する
・内科や整形外科での をおすすめします。

対処方法が表示された❻

07

健康情報をユーチューブで勉強する

信頼できる情報を選んで視聴する

ユーチューブには、医師や歯科医師がわかりやすく解説する健康に関する動画がたくさんあります。**自宅にいながら、専門家の話を無料で聞くことができ、とても便利です**。ユーチューブで健康情報を知るには、ユーチューブのアプリで「医師　高血圧」「歯科医師　歯磨き方法」といったキーワードで検索します。

医師以外の人が投稿する健康情報の動画もたくさんありますが、**中には正確でない情報も含まれています**。特に、「これで健康になる」「必ず治る」といった内容には注意が必要です。

病気のことを動画で知る

1

ホーム画面で【ユーチューブ】をタップ。画面右上の【虫眼鏡】アイコンをタップ❶

2

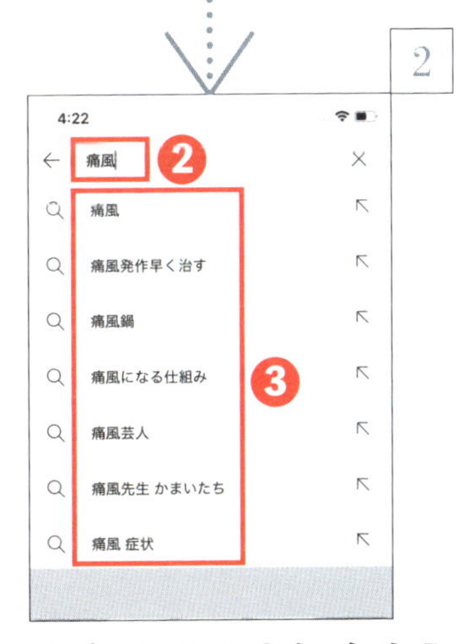

検索ボックスに病気名を入力❷。表示された結果から知りたいものをタップ❸

3

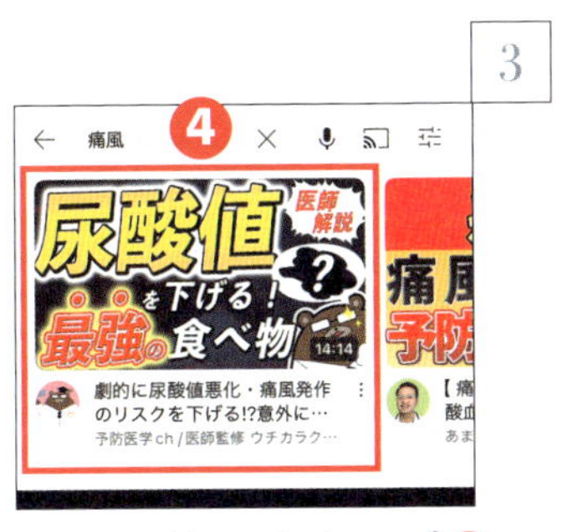

見たい動画をタップ❹

4

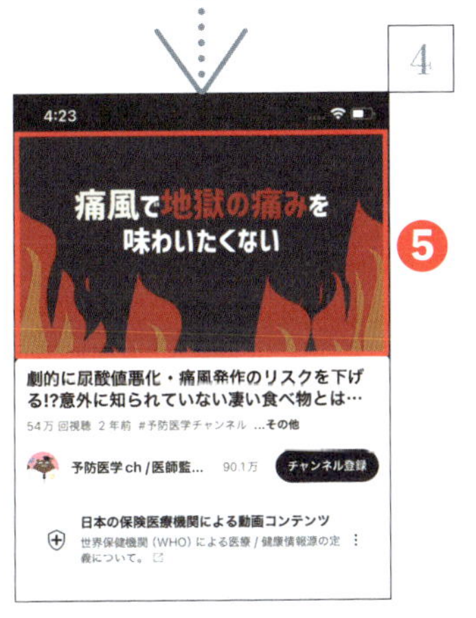

動画が再生される❺

アプリ情報	
アンドロイド	iPhone
導入済み（インストール不要）	（QRコード）

08

運動量を自動的に記録する

スマートウォッチで健康管理

スマホと一緒に使える**腕時計型の機械（スマートウォッチ）や手首につけるタイプのリストバンド型活動量計を使うと、毎日の運動量を自動的に記録できます**。記録できる情報は、歩いた距離や階段を上った回数、心拍数の推移、歩くペースなど多岐にわたります。ランニングやウォーキングでは、移動したルートも記録可能です。

また、アプリによっては、**睡眠の状況を詳細に記録してくれるものもあります**。アプリストアで「睡眠記録」などのキーワードで検索してみましょう。

運動量を毎日記録

写真はアップル社の「アップル・ウォッチ」

第5章

「寂しい」をスマホで解決する

01 友だちとLINEでお喋りする

LINEの基本的な使い方を知っておこう

スマホを使って、家族や友人と手軽に連絡を取り合える便利なアプリがLINE（ライン）です。**文字でのメッセージのやりとりはもちろん、写真を送ったり、電話をかけたりすることもできます**。スマホでLINEを使えば、離れて暮らす家族との連絡も簡単になります。

メッセージのやりとり（**トーク**）は、普段の会話のように文字を入力するだけです。入力した文字は、相手のスマホにすぐに届きます。写真を送りたい時は、スマホで撮った写真を選んで送信します。また、グループを作れば、複数の家族や友人と同時に会話を楽しむことも可能です。

スタンプや無料通話でさらに楽しく

LINEには、**メッセージ代わりに使えるイラスト「スタンプ」が多数用意されています**。「ありがとう」や「了解」といった言葉の代わりに、スタンプを送ることで気持ちを伝えられます。スタンプは種類が豊富で、無料で使えるものもたくさんあります。

また、通常の電話のように、**LINEで通話することもできます。Wi-Fiを使えば、通話代はかかりません**。

友だちとのお喋りにはLINEが最適だ。ぜひ使いこなしたい

LINEに登録する

1

ホーム画面で【LINE】アプリをタップ。［新規登録］をタップ❶

2

スマホの電話番号を入力❷。［→］をタップ❸

3

確認のメッセージが表示されるので、［送信］をタップ❹

4

SMSで届いた4桁の認証番号を入力❺

［アカウントを新規作成］をタップ❻

LINEで使う名前を入力❼。［→］をタップ❽

LINEで使うパスワードを入力❾。同じパスワードを入力❿。［→］をタップ⓫

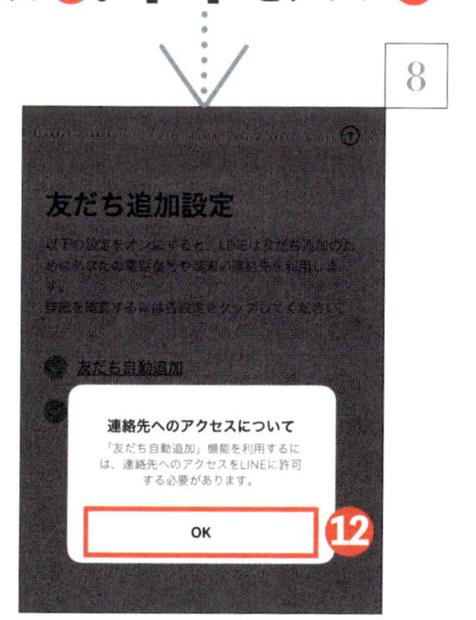

iPhoneの場合、確認メッセージが表示されるので、［OK］をタップ⓬

9

iPhoneの場合、連絡先の共有方法の確認が表示されるので、[すべての連絡先を共有]をタップ13

10

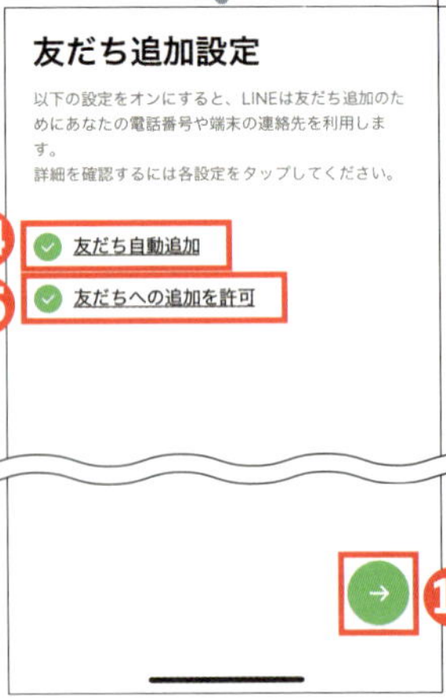

タップしてチェックを外す14 15。[→]をタップ16

11

[年齢確認]画面が表示されるが、[あとで]をタップ17

※年齢確認を行わなくても、トークは使える

12

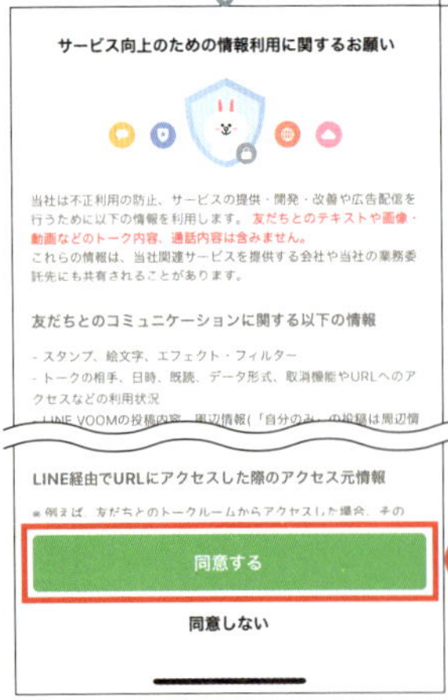

連絡先が0件あります。
連絡先の情報には、名前、メールアドレス、写真、電話番号、住所などが含まれます。
どのように連絡先を共有しますか?
連絡先を選択して、"LINE" と共有する人を選ぶことができます。共有する連絡先はいつでも追加することができます。
連絡先を選択
0件のすべての連絡先を共有

友だち追加設定
以下の設定をオンにすると、LINEは友だち追加のためにあなたの電話番号や端末の連絡先を利用します。
詳細を確認するには各設定をタップしてください。

友だち自動追加

友だちへの追加を許可

より安心できる利用環境を提供するため、年齢確認を行ってください。
docomo NTT docomoをご契約の方
au auをご契約の方
LINEモバイルをご契約の方
または
その他の事業者をご契約の方

サービス向上のための情報利用に関するお願い
友だちとのコミュニケーションに関する以下の情報
LINE経由でURLにアクセスした際のアクセス元情報

同意しない

規約を読んで[同意する]をタップ18

13

チェックを付けずに⑲、[OK] をタップ⑳

14

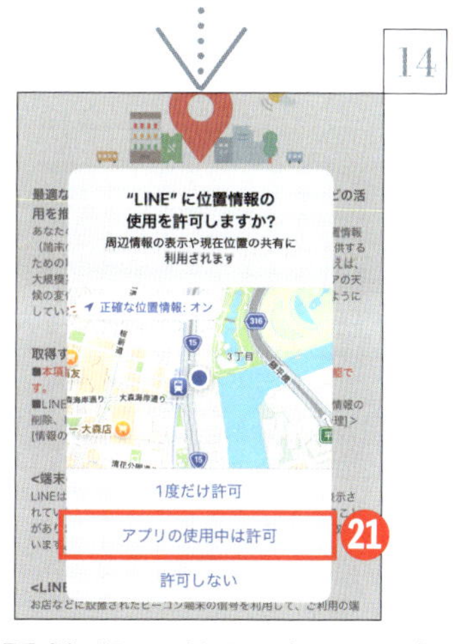

位置情報の使用許可が表示される。iPhoneは［アプリの使用中は許可］㉑、アンドロイドは［アプリの使用時のみ］をタップ

15

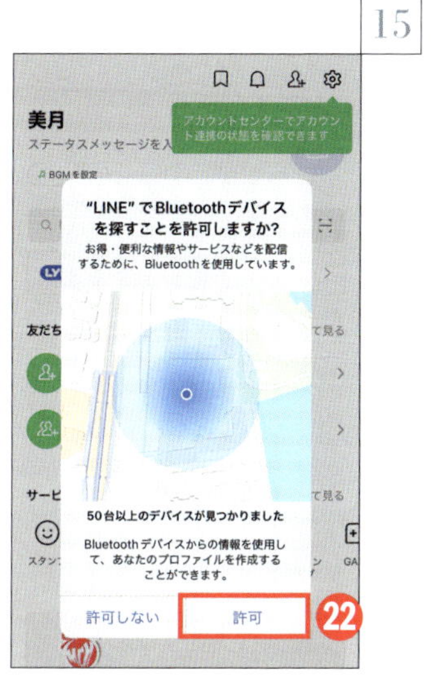

Bluetoothデバイスの使用許可が表示される。［許可］をタップ㉒

16

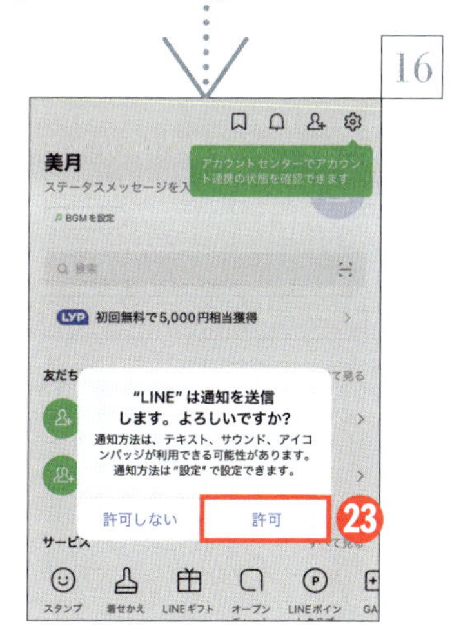

iPhoneの場合、通知の許可が表示される。［許可］をタップ㉓

友だちとLINEでつながる

電話番号で検索する

1

ホーム画面で【LINE】アプリをタップ。画面右上の【友だち追加】アイコンをタップ❶

※電話番号検索を行うには、年齢認証が必要。認証していない場合はQRコードで登録する

2

［検索］をタップ❷

3

相手の電話番号を入力❸。【虫眼鏡】アイコンをタップ❹

4

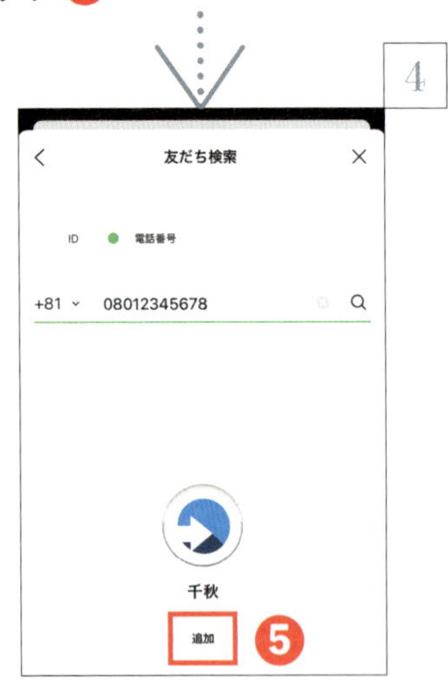

相手が表示されたら［追加］をタップ❺。友だちに追加される

QRコードで登録する

1

相手のLINEで友だち追加画面を表示し、[QRコード]をタップ。カメラが起動するので[マイQRコード]をタップ❶

2

友だち追加用のQRコードが表示された❷

3

自分のLINEで友だち追加画面を表示し、[QRコード]をタップ。カメラが起動するので、相手のQRコードにかざす❸

4

友だちの追加画面が表示される。[追加]をタップすると❹、友だちに追加される

トークでメッセージを送受信する

友だちにメッセージを送る

1

ホーム画面で【LINE】アプリをタップ。LINEのホーム画面で［友だち］をタップ。次に表示された画面で、メッセージを送る友だちをタップ❶

2

友だち画面が表示される。［トーク］をタップ❷

3

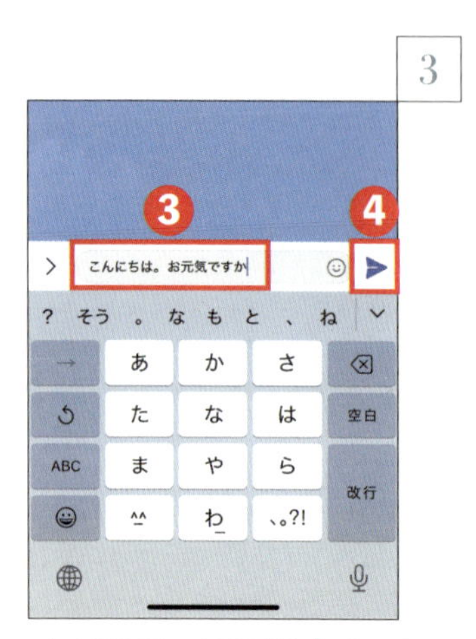

トーク画面が表示される。相手へのメッセージを入力❸。【紙飛行機】アイコンをタップ❹

4

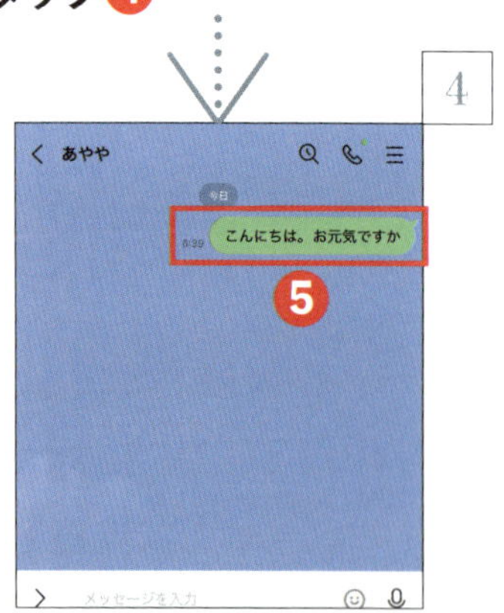

メッセージが送信され、吹き出しで表示された❺

写真を送る

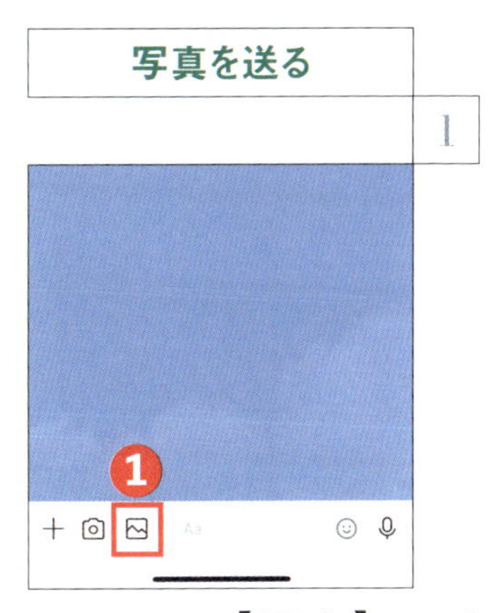

トーク画面で【写真】アイコンをタップ❶

スマホの写真が表示される。送りたい写真をタップ❷。【紙飛行機】アイコンをタップ❸

相手に写真が送られた❹

メッセージがある場合は写真を送ってから送信する❺

スタンプを送る

1

トーク画面で【スタンプ】アイコンをタップ❶

2

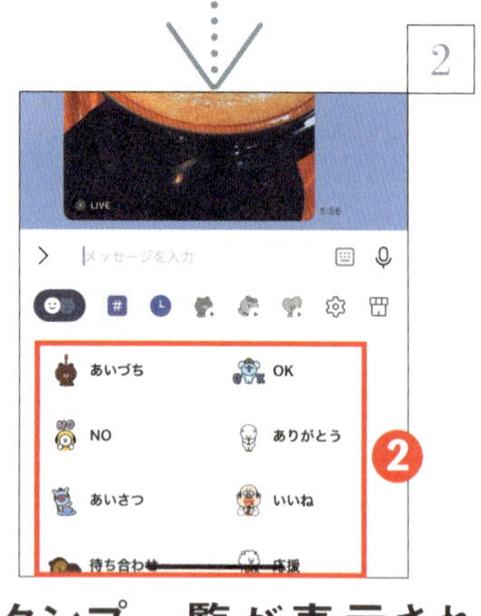

スタンプ一覧が表示される。スタンプのジャンルを選び❷、送りたいスタンプをタップ

3

スタンプがプレビュー表示されるので、タップ❸

4

スタンプが送信された❹

無料で電話する

1

相手のトーク画面を開く。【受話器】アイコンをタップ❶。［音声通話］をタップ❷。相手に電話が発信される

2

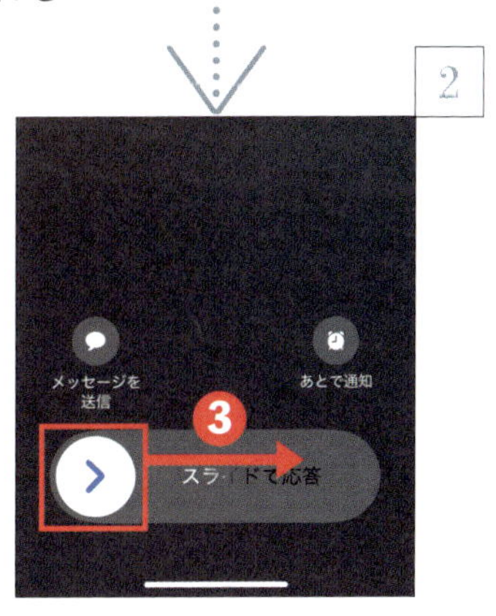

電話がかかってきた時は［>］をスライドすると電話に出られる❸

3

電話を終了する時は、［×］をタップ❹

4

トーク画面に通話履歴が表示される。履歴をタップすると、相手に電話をかけられる❺

02 スマホのＡＩとお喋りする

ＡＩはいくらでも話を聞いてくれる

年齢を重ねると、物忘れが気になったり、認知機能の低下が心配になったりしがちです。そのため、頭の体操として単純な計算ドリルや漢字の書き取りといった脳トレを試す人もいますが、実はあまり効果がないという報告もあります。むしろ、**考えながら会話をすることが、脳の機能維持に効果的かもしれません**。

とはいえ、毎日誰かと好きなだけ会話する機会がない人もいるでしょう。そんな時に試してみたいのが、スマホのＡＩアプリです。最近のＡＩは目覚ましい進化を遂げており、人間らしい自然な会話ができるようになっています。

AIアプリで会話する

「ジェミニ」や、既に紹介した「チャットGPT」などのアプリは、単に文字入力して回答を得るだけでなく、会話もできます。一部の方言にも対応しています。

話の内容は自由で、最近見た映画の感想を話したり、料理のアドバイスを求めたりすることもできます。

ただし、AIの返答の内容が完全に正確とは限らないため、**医療関係など重要な判断が必要な相談は避ける**ことが大切です。

スマホでAIと会話しよう！

好きなだけ話せるので、一人暮らしには特におすすめだ

ジェミニと話す

1

ホーム画面で【ジェミニ】アプリをタップ。画面右下の【ライブ】アイコンをタップ❶

2

［開始］をタップ❷

※この画面で相手の声を左右にフリックすると、声を選択できる

3

この画面で話しかけると会話できる。会話をやめる時は［終了］をタップ❸

チャットGPTと話す

声を変更する

1

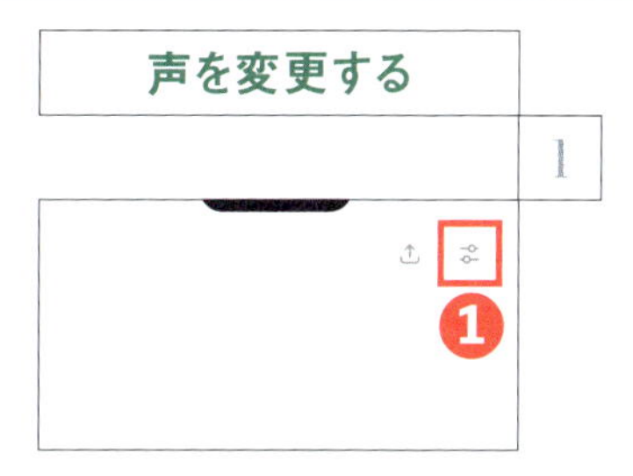

会話画面で画面右上の【設定】アイコンをタップ❶

2

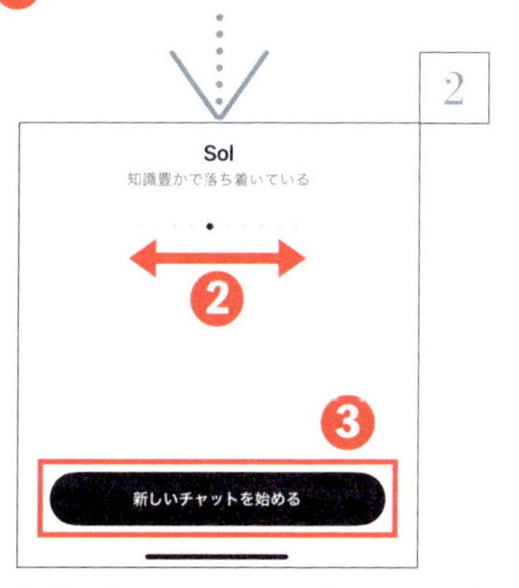

声を左右にフリックして選択❷。［新しいチャットを始める］をタップ❸

会話を始める

1

ホーム画面で【チャットGPT】アプリをタップ。画面右下の【会話】アイコンをタップ❶

2

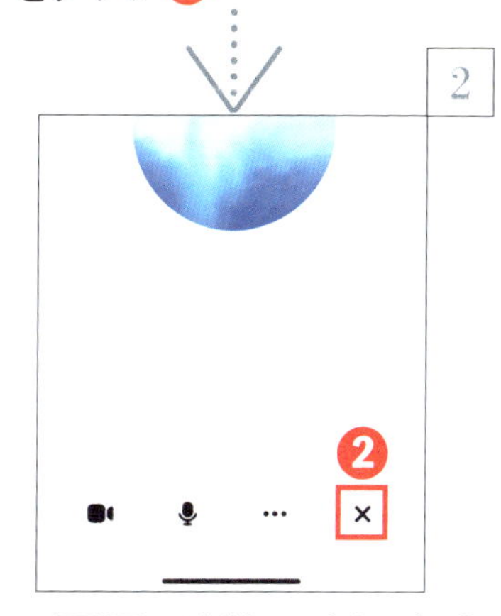

この画面で話しかけると会話できる。会話をやめる時は［×］をタップ❷

03

SNSでネット友だちを作る

趣味や関心をキーにする

スマホを使って写真や文章を共有できるSNSには、同じ趣味を持つ人と出会える場がたくさんあります。趣味について話せる相手が近くにいなくても、インターネットを通じて交流できます。

誰でも気軽に始められるのが、ユーチューブの動画へのコメントです。興味のある動画を見つけて、感想を書き込むと、同じように動画を楽しんでいる人と情報交換できます。特に、同じチャンネルの動画に定期的にコメントしていると、共通の話題で盛り上がりやすくなります。

インスタグラム（Ｉｎｓｔａｇｒａｍ）では、趣味に関連する写真を共有して、同じ趣味を持つ人とつながることができます。例えば、園芸が趣味なら花の写真を、料理が好きなら自作料理の写真を投稿すると、同好の人から反応が来やすくなります。**Ｘ（エックス、旧ツイッター）では、文章だけでも交流できます**。趣味に関する話題に参加すると、同じ関心を持つ人々と出会うきっかけになるでしょう。

個人情報の扱いなどトラブルに注意

ただし、ＳＮＳでは見知らぬ人と知り合う機会が多いため、**個人情報の取り扱いには注意が必要です**。住所や電話番号などの個人情報を教える際には注意しましょう。

スマホで友だちを作ろう

ユーチューブの動画にコメントする

1

ユーチューブでコメントする動画を再生。［コメント］をタップ❶

2

コメントが表示される❷。［コメントする］をタップ❸

3

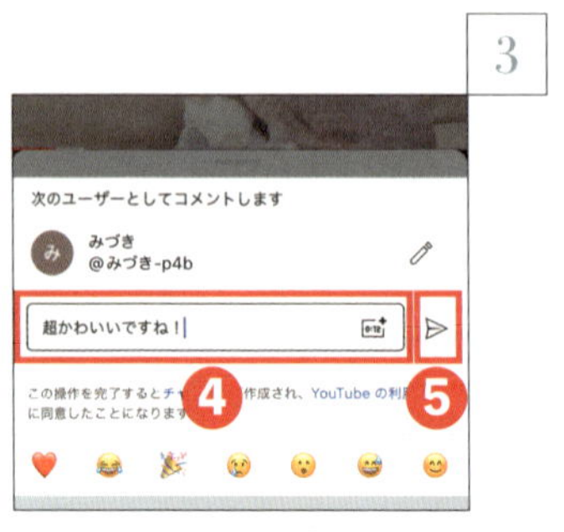

コメントを入力❹。【紙飛行機】アイコンをタップ❺

4

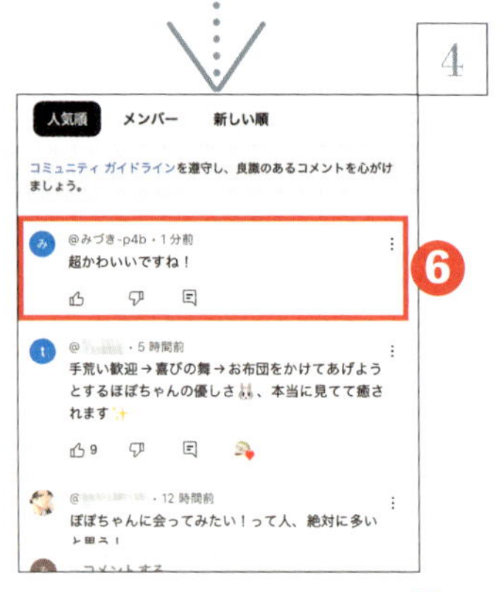

コメントが投稿された❻

インスタグラムで同好の士を見つける

画像を検索する

1

ホーム画面で【インスタグラム】アプリをタップ。画面下部にある【虫眼鏡】アイコンをタップ❶

2

検索ボックスをタップし、キーワードを入力❷。探したい候補をタップ❸

3

検索結果が表示された。見たい画像をタップ❹

4

画像が表示された

投稿にコメントする

1

コメントする投稿を開く。【コメント】アイコンをタップ❶

2

投稿に寄せられたコメントが表示される❷。コメント入力欄をタップ❸

3

コメントを入力❹。［↑］をタップ❺

4

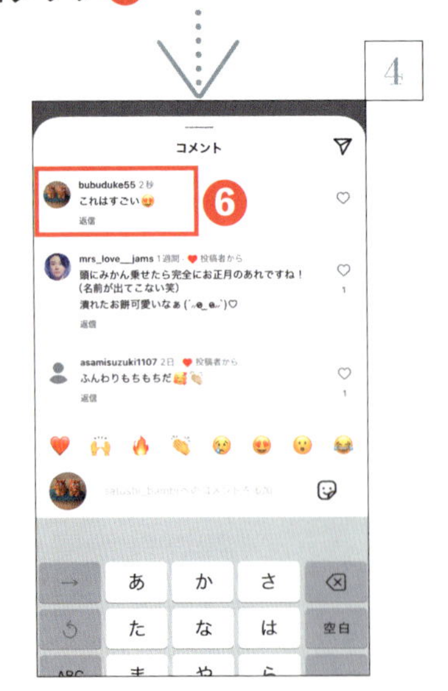

コメントが投稿された❻

X（旧ツイッター）で同じ趣味の人を探す

アカウントを作成する

1

ホーム画面で【X】アプリをタップ。[～のアカウントで続ける] のどちらかをタップ❶。画面の指示にしたがってアカウントを作成する

2

生年月日を入力❷。[登録する] をタップ❸

3

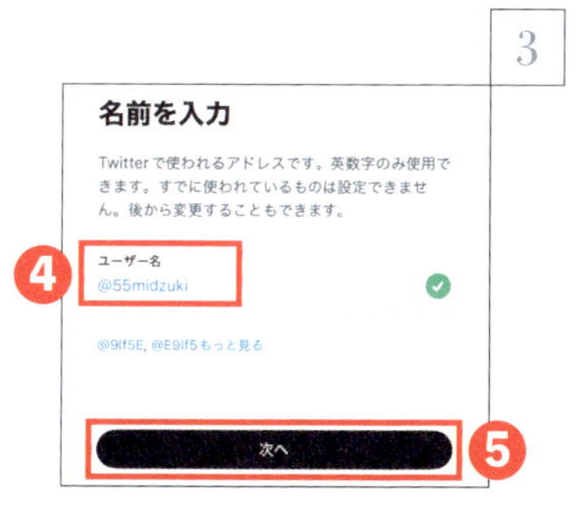

Xで使う名前を英数字で入力❹。[次へ] をタップ❺

4

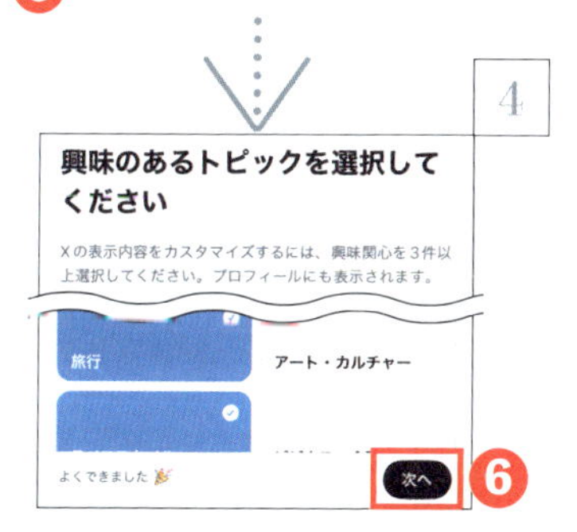

アンケートに回答して[次へ]をタップ❻。さらに画面の指示にしたがって回答する

アプリ情報

アンドロイド	iPhone

同じ趣味の人を探す

1

画面下部の【虫眼鏡】アイコンをタップ❶

2

検索ボックスをタップし、検索する言葉を入力❷。検索候補から探したい候補をタップ❸

3

検索結果が表示された。［話題］をタップする❹。検索した言葉に関連する投稿などが表示される❺

4

［ユーザー］をタップすると❻、関連するユーザーが表示される。「フォローする」をタップすると❼、そのユーザーをフォローできる

第6章

「暇だなあ」をスマホで解決する

01

最新のニュースを読む

無料で新聞や雑誌の記事が読める

どうしても手持ち無沙汰なら、ニュースをいろいろ読んでみてはどうでしょうか。スマホなら、いつでもどこでも最新ニュースが読めます。新聞社が運営するウェブサイトでは有料の記事が多いものの、**「ヤフーニュース」なら、大半の記事を無料で読むことができます**。一部の雑誌記事も無料で、政治、経済、社会、スポーツなど、幅広い分野のニュースに簡単にアクセスできます。

ヤフーニュースには、コメントを書き込む機能もあります。他の人が書いたコメントを読むだけでも楽しいですが、アカウントを登録すれば自分でも書けます。

ブラウザーでヤフーニュースを読む

1

iPhoneは【サファリ】、アンドロイドは【クローム】をタップ。アドレスバーをタップして「ヤフー」と入力❶。表示されたヤフージャパンをタップ❷

2

ヤフージャパンが表示される。好きなカテゴリをタップ❸

3

ニュースリストで見たいニュースをタップ❹

4

次の画面で［記事全文を読む］をタップすると、記事が表示される

02 動画・ラジオ・音楽・ゲームを楽しむ

スマホがあれば娯楽は十分！

スマホが身近になってから、今や娯楽の中心はテレビやラジオではなく、スマホに移りつつあります。アプリを入れることで、**動画、音楽、ラジオ、映画など、さまざまなコンテンツを好きな時に楽しむことができます**。ここでは、その中から代表的なものをいくつか紹介します。

ユーチューブでは、数分以内の短い動画を「**ショート**」としてまとめています。ショートでは、短い動画を次々と楽しむことができます。

また、「**ラジコ（radiko）**」を使えば、全国のラジオ放送をスマホで聴くことができます。家事をしながらでも、散歩中でも、好きな番組を楽しむことができます。

懐メロや最新のヒットソングを聴きたい時、一番手軽なのがユーチューブです。いろんな曲を無料で楽しむことができます。歌手名や曲名、年代で検索してみましょう。

ゲームも豊富に用意されており、**パズルや将棋、囲碁、カードゲームなど、暇つぶしに手軽に楽しめるものがたくさんあります**。なお、**ゲームは有料のものも多い**ので、ダウンロード時には注意しましょう。

スマホで無料で音楽を楽しもう！

ユーチューブ・ショートで動画を見る

1

ホーム画面で【ユーチューブ】アプリをタップ。画面下の［ショート］をタップ❶

2

ショート動画がすぐに再生される。次のショート動画を見るには、画面を上にフリック❷

3

ショート動画が再生される。次のショート動画を見るには、さらに上にフリック❸

アプリ情報	
アンドロイド	iPhone
導入済み（インストール不要）	

ラジコでラジオ番組を聴く

1

ホーム画面で【ラジコ】アプリをタップ。画面右上の[一覧で表示]をタップ❶。聴きたい番組をタップ❷

2

[▶] をタップ❸。番組の再生が始まる

3

[番組表] をタップすると❹、番組表が表示される。番組をタップして再生

4

[さがす] をタップして❺、キーワードを入力して番組を検索できる

ユーチューブで音楽を楽しむ

1

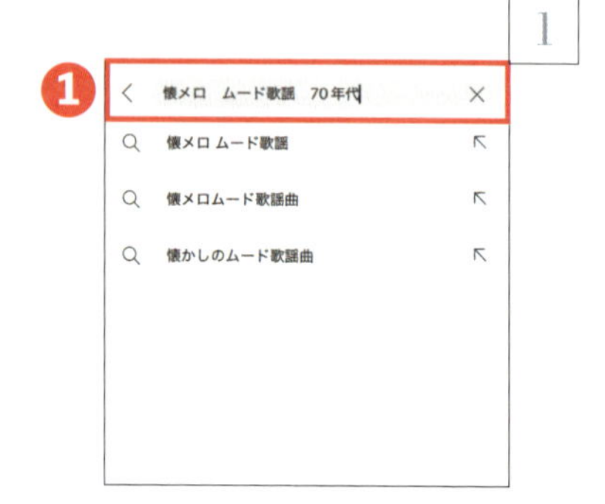

【ユーチューブ】アプリで「懐メロ　ムード歌謡　70年代」のように、ジャンルや年代を含めたキーワードで検索❶

2

視聴したいものをタップして再生❷

3

「歌手名　ヒット曲」のように、歌手名でも検索できる❸

ドラマや映画を見る

ユーチューブ

1

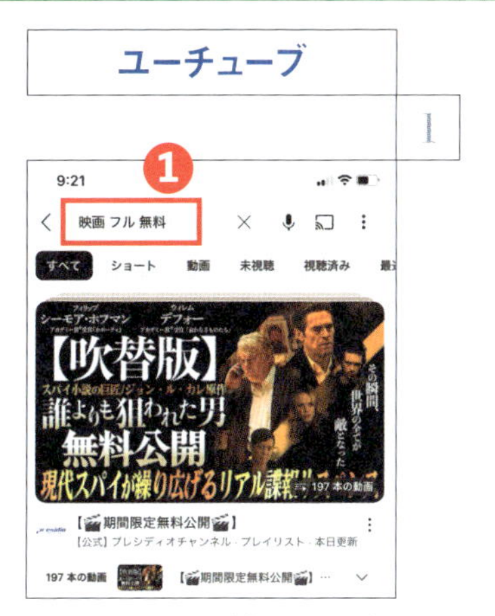

【ユーチューブ】アプリで「映画　フル　無料」などのキーワードで検索❶。無料公開している作品が見つかる

2

ソニー・ピクチャーズの公式チャンネルでは、名作映画100本を無料公開している

アベマ

1

【アベマ】アプリをタップ。右下の[本日無料]をタップ❶

2

画面下に無料視聴できる映画やドラマが表示される。タップすると再生される

ソリティア

並べられたトランプを移動して、同じマークのAからKの順番に並べ替えていくカードゲーム。[ヒント]をタップすれば次の手順を提案してくれる

LINE:ディズニーツムツム

画面上に出現したキャラクター「ツム」を3つ以上繋げて消していくアクションパズル。7つ以上繋げて消すと、周囲のツムを一気に消せて楽しい

その他ゲームのおすすめ(無料)

ジャンル	パズル	パズル	将棋	パズル
アプリ名	Triple Tile	Threes! Freeplay	ぴよ将棋	Screw It Out!(iPhoneのみ)
開発者名	Tripledot Studios	Sirvo LLC	STUDIO-K Inc.	ADONE PTE. LTD.

03 ボケないように新しいことを始める

スマホを使った趣味を作ろう

認知機能を維持・改善するために、ＡＩアプリと話すといいことは既に説明しました。ここでは、それ以外に「脳に効く」ことを紹介します。

それは、「**新しいことを始めること**」です。スマホを使えば、さまざまな新しい趣味を手軽に始めることができます。

まず、**近くの施設や店舗を探してみましょう**。スマホで検索すれば、今まで知らなかった場所を簡単に見つけることができます。行ったことのない場所に出かけることは、新鮮な刺激に繋がります。

また、**散歩をする際にスマホで記録を付けることもおすすめです**。地図アプリを使えば、その日に歩いたルートが自動的に記録されます。

写真を撮影してインスタグラムなどSNSに投稿するのもいいのですが、**動画の撮影と投稿に挑戦してみてはいかがでしょうか**。スマホのカメラで風景や料理の様子を撮影し、ユーチューブに投稿することができます。

外国語の勉強に興味があれば、スマホを使って話しかけたり、喋ってもらったりしましょう。【ジェミニ】アプリを使えば、無料で英会話の練習をすることができます。

外出の記録に
スマホを使ってみよう

近くの施設や店舗を探す

1

iPhoneは【グーグル・マップ】アプリ、アンドロイドは【マップ】アプリをタップ。検索ボックスをタップ❶。調べたい施設名を入力

2

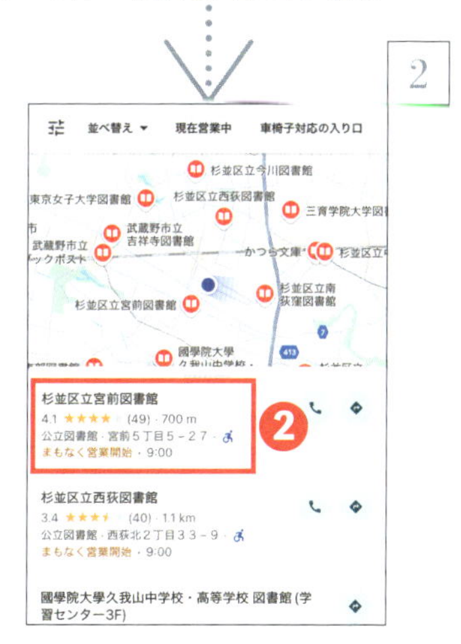

近くの施設が表示される。施設名をタップ❷

3

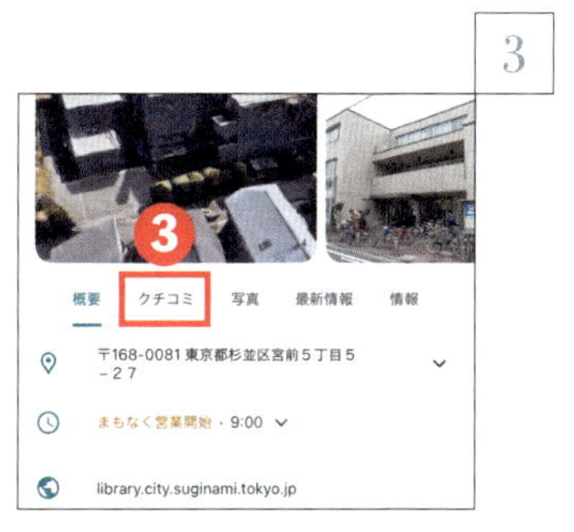

住所や営業開始時刻など施設概要が表示される。評判を知りたいなら［クチコミ］をタップ❸

4

クチコミが表示された

アプリ情報
アンドロイド
導入済み
（インストール不要）
iPhone

タイムラインの機能で散歩の記録を付ける

1

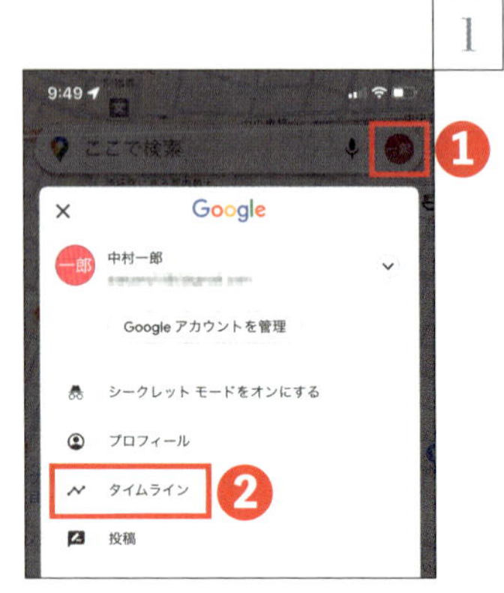

【グーグル・マップ】アプリで右上のユーザーアイコンをタップ❶。［タイムライン］をタップ❷

2

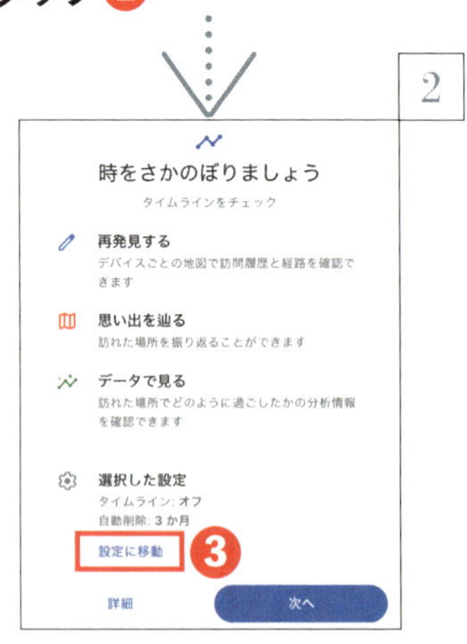

初めてタイムラインを使う場合は［設定に移動］をタップ❸

3

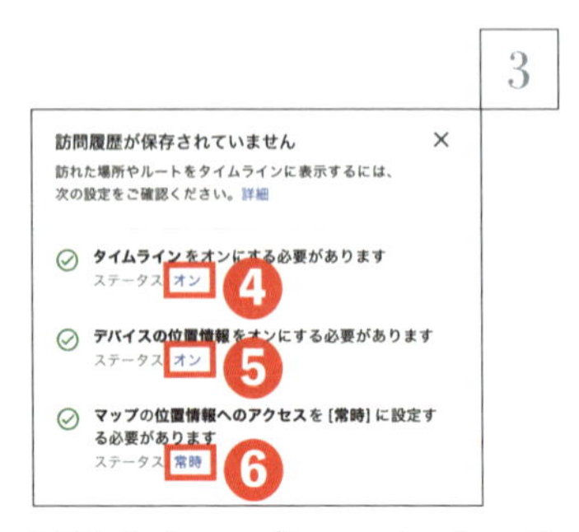

各項目をタップし、タイムラインを［オン］❹、位置情報を［オン］❺、アクセス許可を［常時］❻に設定する

4

［タイムライン］の画面で日付をタップ❼。日付を指定したら、その日の移動経路などを確認できる

ユーチューブに動画を投稿する

投稿準備

1

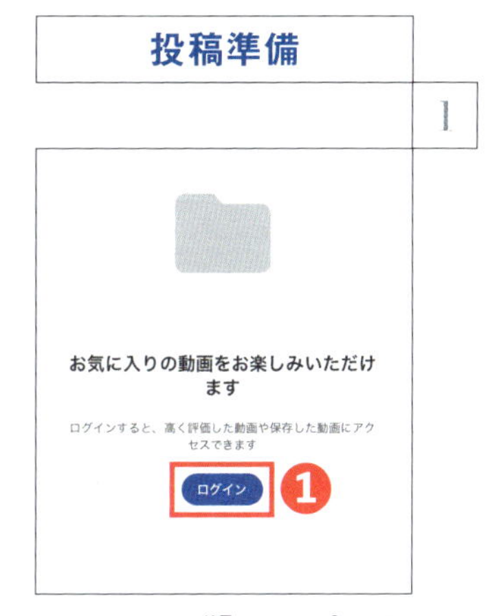

【ユーチューブ】アプリをタップ。［マイページ］→［ログイン］をタップ❶。グーグル・アカウントでログイン

2

ログインできたら［チャンネルを作成］をタップ❷

3

［名前］と［ハンドル］の隣の【鉛筆】アイコンをタップして入力❸❹。［チャンネルを作成］をタップ❺

※ハンドル名はペンネームのようなもの。設定しないと、本名が出てしまうことがある

4

設定できたら、画面下の［＋］をタップ❻

動画をアップロード

1

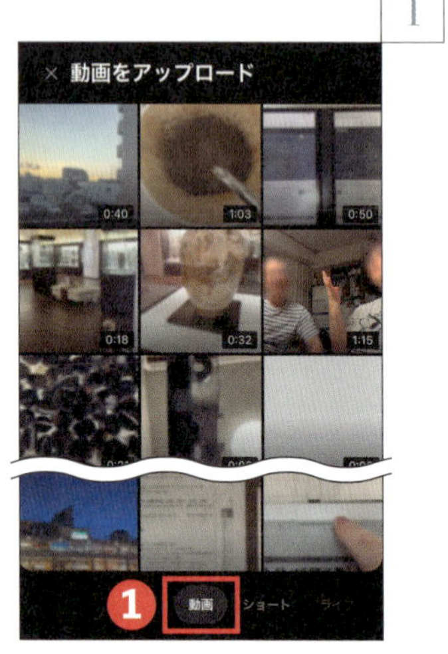

撮影した動画を投稿するには、画面下の［動画］をタップ❶。投稿したい動画をタップ

2

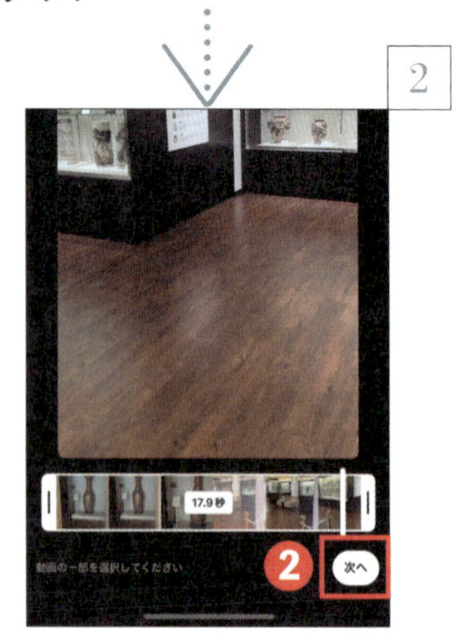

投稿したい動画が表示される。［次へ］をタップ❷

3

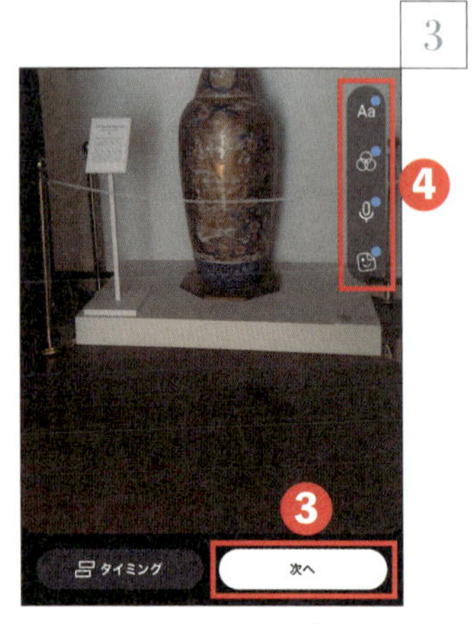

［次へ］をタップ❸。装飾したい場合は、右のアイコンをタップ❹

4

［タイトル］をタップして動画タイトルを入力❺。［アップロード］をタップ❻

※ここでは、動画が短いので、ショート動画の扱いになった

ショート動画を撮影

1

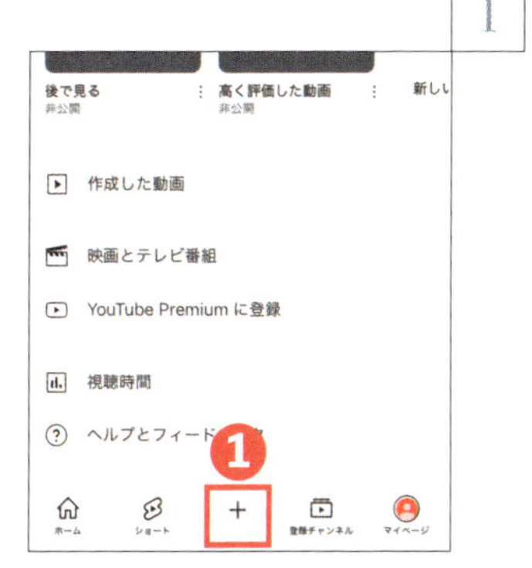

通常の動画と同様、画面下の［＋］をタップ❶

2

［ショート］をタップ❷。［●］をタップして撮影開始❸

投稿動画を確認

1

投稿した動画を確認するには、画面下の［マイページ］をタップし、［作成した動画］をタップ❶

2

投稿した動画が表示された❷

ジェミニで英会話を無料で練習する

1

ホーム画面の【ジェミニ】アイコンをタップ。グーグル・アカウントでログイン。右下のアイコンをタップ❶

2

ライブ機能が起動。[開始] をタップ❷

3

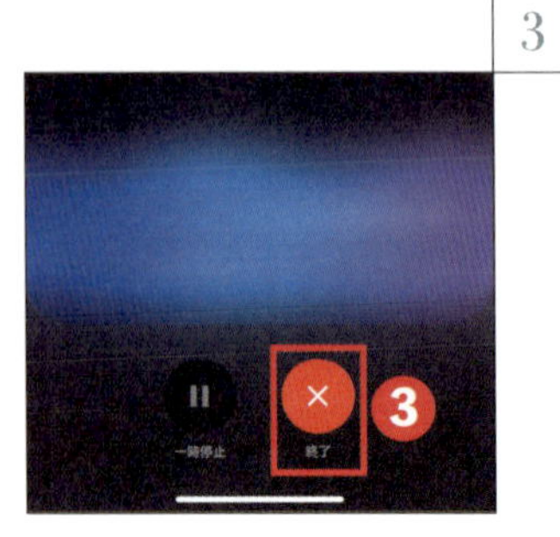

英語で話しかけると、英語で返事がくる。終了するなら [×] をタップ❸

4

会話履歴が表示される❹

第7章

「面倒くさい」をスマホで解決する

01 LINEのトークで「誤爆」を防ぐ

別の人にメッセージを送らないために

LINEのトークは、家族や友人との連絡に大変便利な機能です。最近では、仕事で使う人も増えています。そこで**問題となるのが、やりとりを行ううちに送信する相手を間違えてしまうこと**、すなわち「誤爆」です。

もし家族宛てのメッセージを友人に送信してしまった場合なら、笑い話で済むかもしれません。ところが、職場の同僚に送るつもりだった仕事の愚痴を上司に送信したり、仕事関係の重要な連絡を友人に誤って送信したりすると、人間関係の悪化や情報漏洩など**深刻な問題に発展する恐れ**があります。

トークの背景を変更する

このような**誤送信を防ぐためには、トークの背景画像を工夫することが効果的な対策になります**。

あらかじめ用意されている別の画像に差し替えるだけでも多少は意味がありますが、相手の顔写真や、一緒に撮った写真、社名入りのロゴなどを背景に設定することで、さらに送信前に相手を確認しやすくなるでしょう。

また、**相手の名前を紙に大きく書いて撮影し、それを背景に使用する方法も有効です**。こういった対策を講じることで、かなり間違いにくくなるはずです。

トークの背景を変更する

1

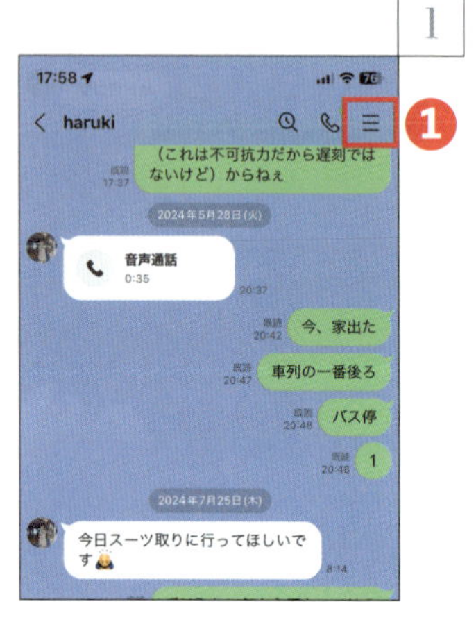

背景を変えたいトークで、[≡]→[設定]→[背景デザイン]をタップ❶

2

[自分の写真]をタップし❷、背景にしたい写真を選ぶ

3

[適用]をタップ❸

4

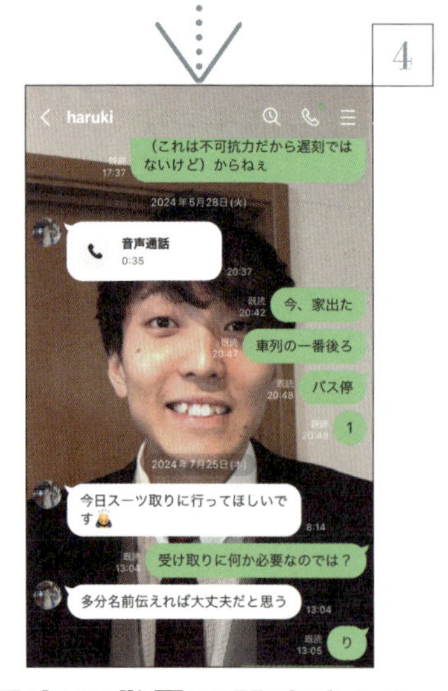

写真が背景に設定された

02

宅配便を発送する

伝票不要で荷物を送れる

宅配便の発送は、電話で集荷を依頼する人が多いかもしれません。しかし、事前に伝票を用意しておく必要があり、手間がかかります。

そこで試してみたいのが、スマホを使った集荷依頼の方法です。**配送業者のアプリやサイトを利用することで伝票の準備が不要となり、割引が適用されます。**

クロネコヤマトに登録する

1

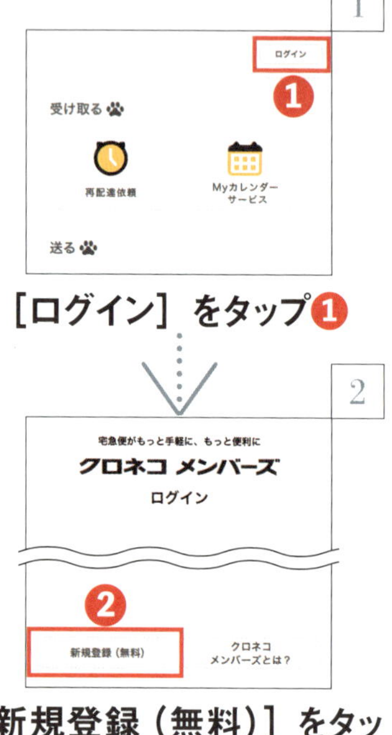

［ログイン］をタップ❶

2

［新規登録（無料）］をタップ❷

3

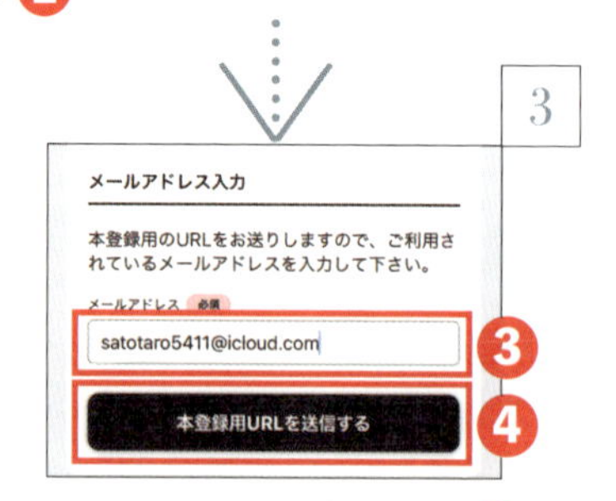

メールアドレスを入力❸。［本登録用URLを送信する］をタップ❹

4

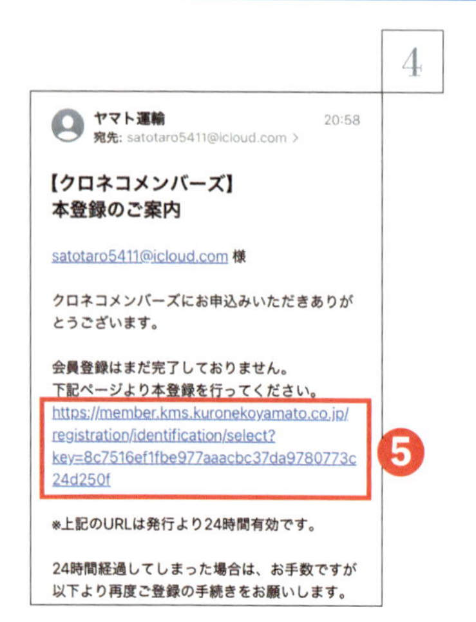

ヤマト運輸からメールが送られてくる。本文記載のリンクをタップ❺

5

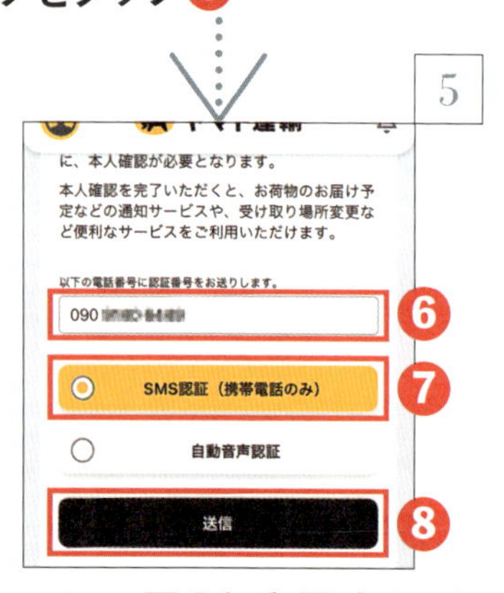

スマホの電話番号を入力❻。［SMS認証（携帯電話のみ）］をタップ❼。［送信］をタップ❽

6

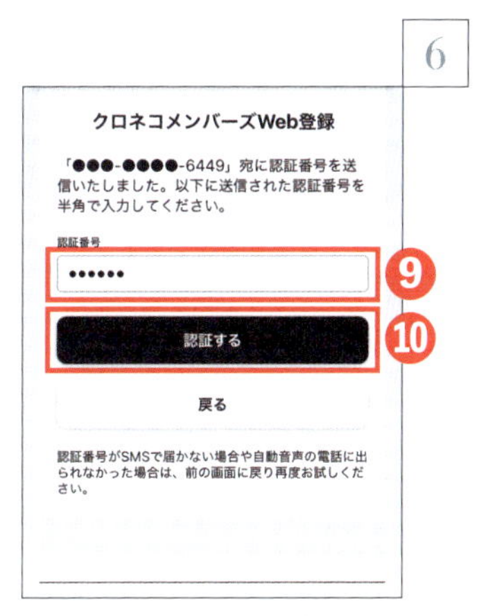

SMSで送られてきた認証番号を入力❾。[認証する] をタップ❿

7

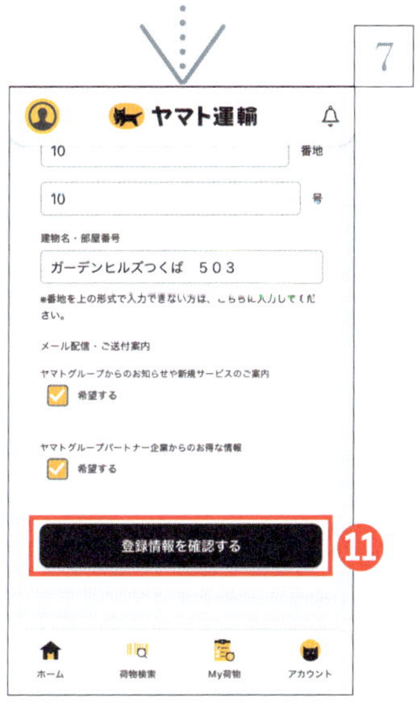

設定したいクロネコIDとパスワード、自分の住所などを入力。[登録情報を確認する] をタップ⓫

8

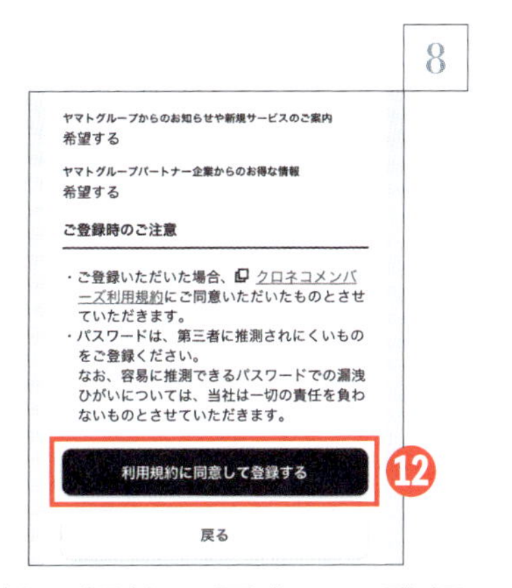

[利用規約に同意して登録する] をタップ⓬

9

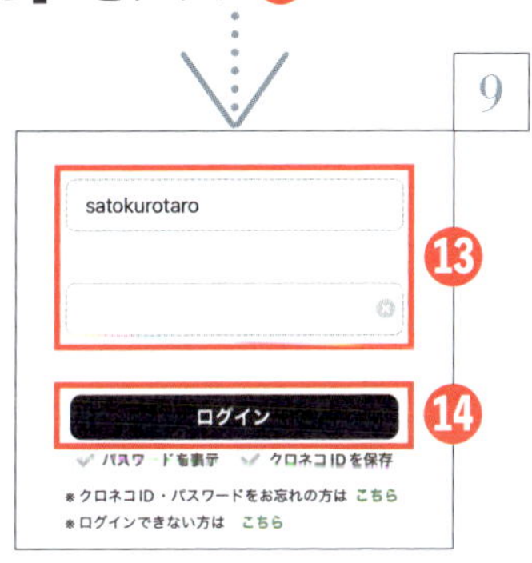

[ホームへ] をタップ。登録したクロネコIDとパスワードを入力⓭。[ログイン] をタップ⓮

クロネコヤマトに集荷に来てもらう

1

ホーム画面で【ヤマト運輸】アプリをタップ。［集荷申し込み］をタップ❶。次の画面でクロネコIDとパスワードを入力

2

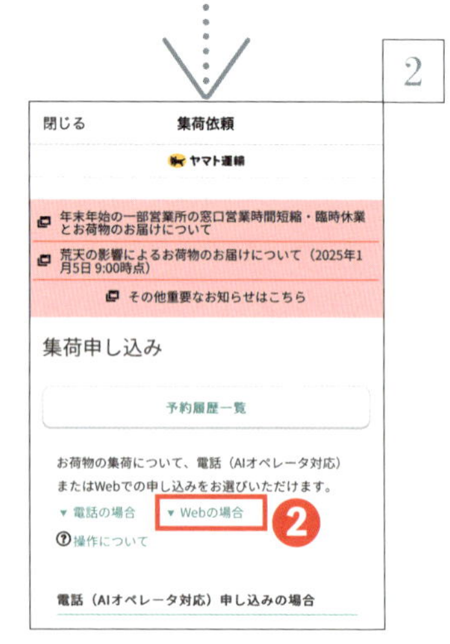

［Webの場合］をタップ❷

3

荷物の種別を選択。ここでは［通常の荷物を送る］をタップ❸

4

集荷先に自分の住所が表示される。［ご利用サービスを設定する］をタップ❹

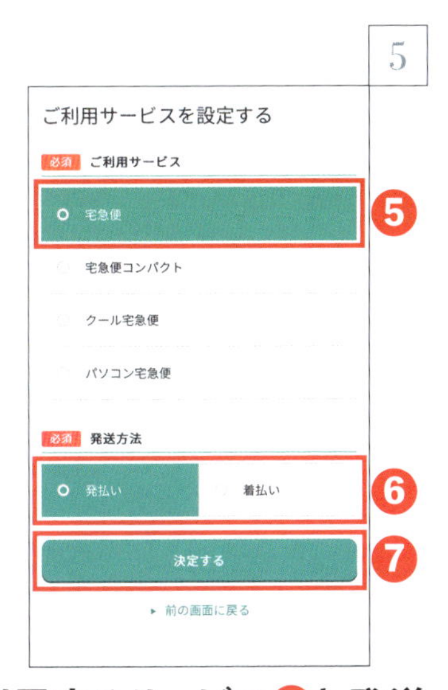

利用するサービス❺と発送方法❻を選択。[決定する]をタップ❼

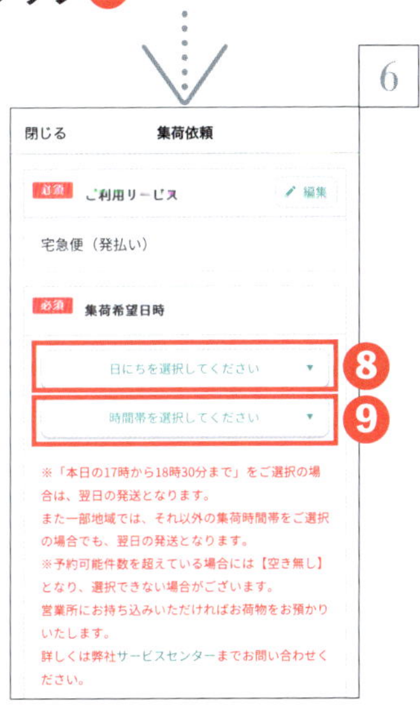

集荷希望の［日にち］❽と［時間帯］❾をタップ

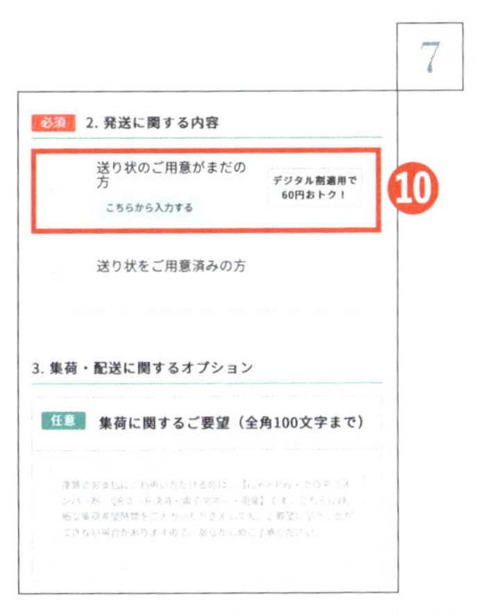

［送り状のご用意がまだの方］をタップ❿

※送り状が既に手元にあれば、［送り状をご用済みの方］を選択する

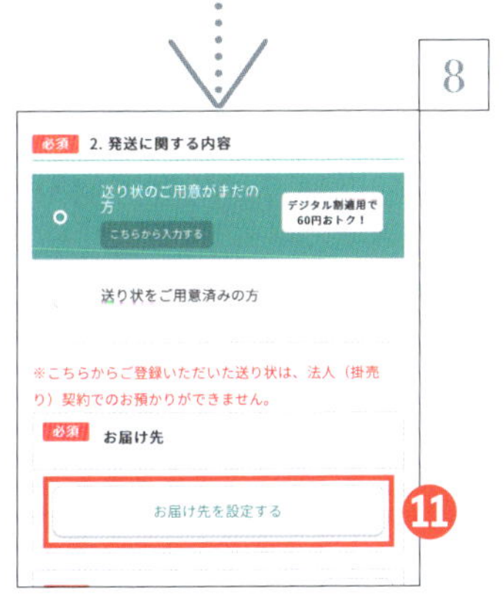

［お届け先を設定する］をタップ⓫。届け先の情報、荷物の内容、お届け希望日時などを入力。［この内容で集荷を申し込む］をタップ

※送り状は集荷スタッフが印字して持参してくれる

03

外出せずに買い物するにはネットを使う

重たいものも簡単に注文できる

移動に不安が出てくると、毎日の買い物は負担になりがちです。体調不良なのに食料品が底をつきそうな時、重たいお茶やお酒を店から自宅まで運ぶのが辛くなった時、雨の日が続いて外出を控えたい時、ドラッグストアで日用品を買いたいが店が遠い時などに活用したいのが、スマホでのネットショッピングです。

ネットショッピング最大の魅力は、時間や場所の制約から解放されることにあります。24時間いつでも注文が可能で、地域によっては夜に注文した商品が翌日午後に届くこともあります。また、**重たい商品も自宅まで配達してもらえます**。

最初はヨドバシ・ドット・コムを使おう

初めてネットショッピングを利用する方には、ヨドバシ・ドット・コムがおすすめです。家電だけでなく、食品、飲料、日用品、文具まで幅広い商品を扱っており、初心者でも利用しやすいショッピングサイトとして知られています。

アマゾンをすすめる人も多いでしょうが、同じ商品に複数の値段が設定されていたり、海外から粗悪品を送ってくる業者が稀にいたりするので、ネットショッピングに慣れるまでは手を出さないようにしましょう。

ただ、ヨドバシでは生鮮食品を扱っていません。**生鮮食品をネットで購入したいなら、大手スーパーマーケットが提供するネットスーパーを探してみましょう**。実店舗で普段から利用しているスーパーのサービスなら、商品の質も安心です。配送エリアは限られていますが、「ネットスーパー（地域名）」でグーグルのキーワード検索を行うか、チャットＧＰＴに質問すれば、利用可能なサービスを見つけることができます。

ネットショッピングの注意点

便利なネットショッピングですが、注意点もあります。商品を実際に手に取って確認できないため、**食品の賞味期限やサイズ感、質感について誤解が生じる可能性があります**。

操作面での注意も必要です。**意図しない商品を購入してしまったり、配送日時を間違えたりするケースもあります**。注文内容をよく確認してから確定することをおすすめします。

支払い方法は、ネットショッピングを運営する事業者によって異なりますが、**実質的にはクレジットカードが必須**です。

ネットショッピングなら
体調不良時にも買い物できる

ヨドバシ・ドット・コムで買い物する

アプリでログイン

1

ホーム画面で【ヨドバシ・ドット・コム】のアプリをタップ。画面右下の［マイページ］をタップ❶

2

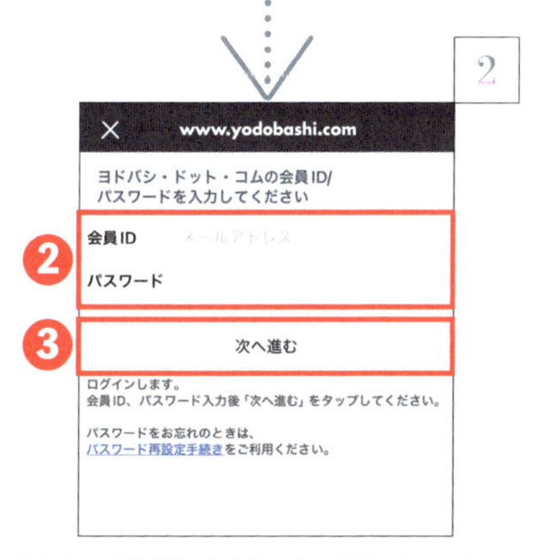

先ほど登録したIDとパスワードを入力❷。［次へ進む］をタップしてログイン❸

新規登録

1

サファリまたはクロームで「ヨドバシ・ドット・コム」のページを検索して表示。［ログイン］をタップ❶

2

［新規会員登録へ］をタップ❷。次の画面で氏名や住所などを登録

1

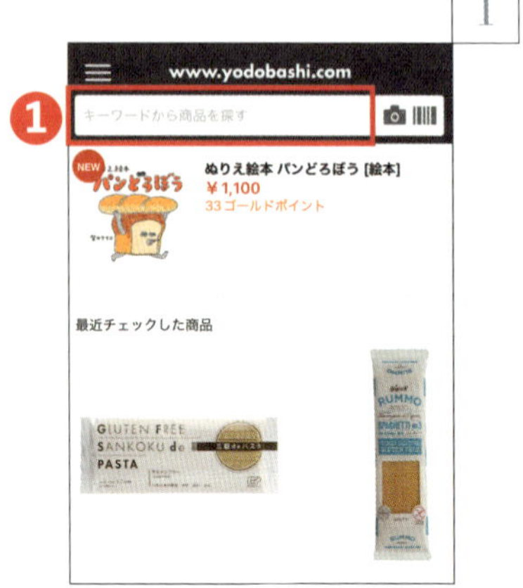

検索ボックスをタップして❶、商品名やジャンルを入力

2

探している商品が見つかったらタップ❷

3

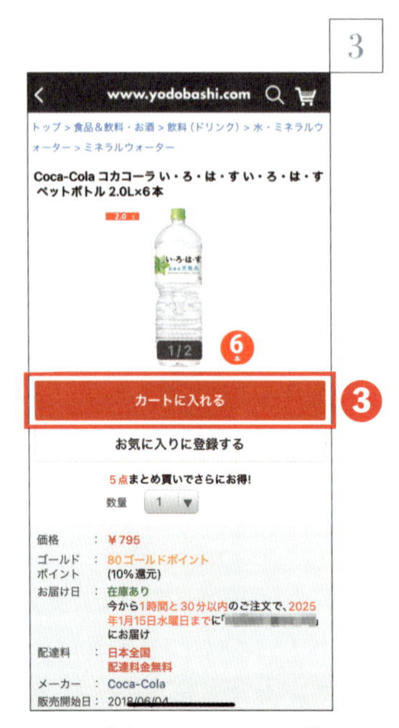

価格などを確認して［カートに入れる］をタップ❸。あとは画面の指示にしたがって購入する

04

銀行振込を自宅で行う

いつでもどこでも振込ができる

近年、銀行の支店数は急激な減少傾向にあり、窓口での手続きが以前より不便になり、しかも手数料が大幅に値上がりしています。ATMはコンビニでも利用できるものの、月末や金曜日には長い行列が発生することも珍しくありません。そのため、**スマホを使った銀行振込のサービスが注目を集めています**。

メガバンクでは、各社とも専用アプリを提供しており、**自宅にいながら残高確認や振込が可能です**。窓口やATMに並ぶ必要がなく、24時間いつでも手続きができることは、大きな魅力となっています。さらに、アプリでの**振込手数料が窓口やATMより安価に設定されている**ことも、メリットの一つです。

スタートまでがやや面倒

ただし、アプリを使った振込を利用できるようになるまでには、いくつかの初期設定が必要となります。マイナンバーカードや運転免許証などによる本人確認など、セキュリティに関わる重要な手続きが含まれているため、**スマホと銀行での手続きに慣れた家族に手伝ってもらうことをおすすめします**。

このような手続きを経て利用できるようになれば、振込先の登録や履歴の確認も簡単に行えるようになります。また、一度設定した振込先を再利用することも可能となり、振込などの手間を大幅に削減できます。

銀行取引のデジタル化は今後も進んでいくと予想されます。この機会に、スマホでの振込方法を習得しておくといいでしょう。

三井住友銀行の口座から スマホで振込を行う

1

［振込・振替］→［振込・送金］をタップ❶

2

［振込］をタップ❷

3

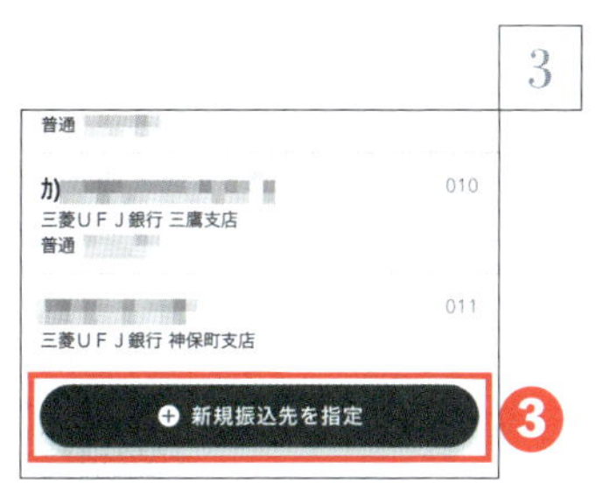

［新規振込先を指定］をタップし❸、振込先や振込金額などを入力

4

内容を確認し、［振込］をタップ❹

05

写真をプリントして友だちに配る

実は紙焼き写真のほうが長く残りやすい

スマホで撮影した写真は、デジタルデータとして保存できることから、従来のような紙焼き写真は不要と考える人も多いでしょう。しかし、長期的な保存や整理の観点からは、実は紙焼き写真にも大きな利点があります。

デジタルデータは時とともに見つけにくくなっていきます。撮影枚数が増えると、適切に整理していない限り、目的の写真を探し出すのが困難になります。スマホに保存していても、スマホが故障したりアカウントをうっかり削除してしまったりして、大切な写真データを失ってしまうリスクも存在します。

一方、**紙焼き写真は年代ごとにアルバムに整理したり、封筒にまとめて保管したりすることで、簡単に閲覧することができます**。さらに、共有も簡単で、再度プリントして友人や家族に渡すだけです。料金はかかりますが、確実です。もしスマホで持ち歩きたいなら、プリントした写真をスマホで撮影する手もあります。

プリントはコンビニのコピー機または家電量販店で

写真のプリント方法には、いくつかの選択肢があります。自宅にプリンターがある場合はそれを活用できますが、**プリントする枚数が少ない場合は、むしろコンビニのマルチコピー機や家電量販店のセルフプリント機の利用がおすすめです**。家電量販店だと、店員の手助けも期待できます。

ただ、コンビニや家電量販店での印刷では、画質は期待できません。高画質なプリントを希望するなら、富士フイルムのプリントサービスを試してみるといいでしょう。プリントサイズもL判や2L判だけでなく、A4やそれ以上にも対応しています。

セブン-イレブンでプリントする

1

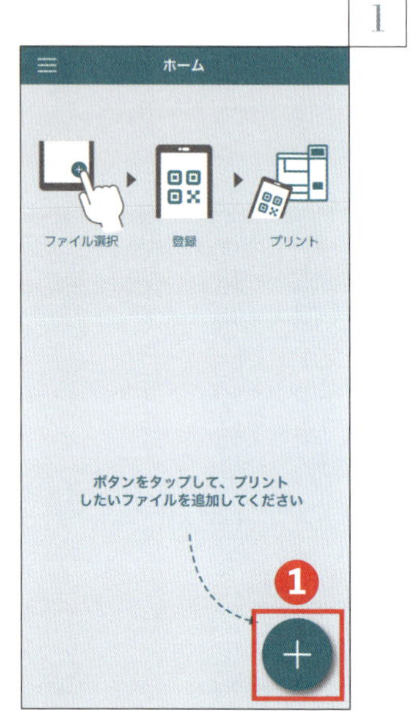

プリントしたい写真をアプリで登録する。［＋］をタップ❶

2

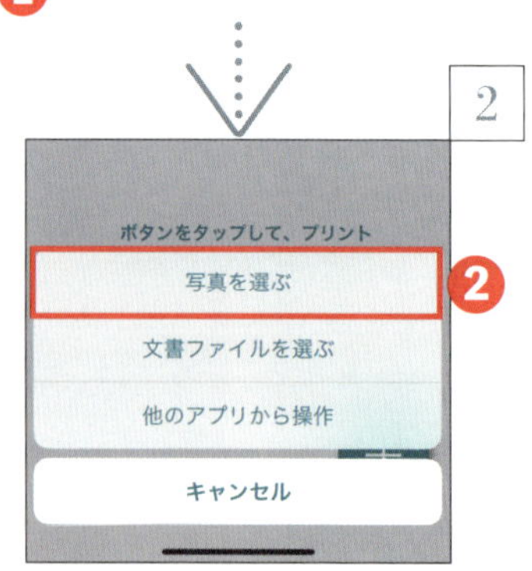

［写真を選ぶ］をタップ❷

3

プリントする写真をタップして選択❸。［次へ］をタップ❹

4

選択した写真が表示される

5

［用紙サイズ］をタップして5、用紙サイズを選択。［登録］をタップ6

6

アップロードが完了した。［閉じる］をタップ7

7

セブン-イレブンのマルチコピー機の前でアプリを開き、［QRコードを表示］をタップ8

8

表示されたQRコードをマルチコピー機の読み取り装置にかざして、プリントを行う

06

税金や保険料を自宅で支払う

納付書のバーコードをアプリで読み込む

税金や健康保険料は、銀行口座から自動的に引き落とされる場合もありますが、納付書による支払いが必要になることもあります。従来は銀行やコンビニエンスストアで支払う必要がありましたが、**スマホを活用することで、自宅にいながら手続きを済ませることが可能となりました**。

この方法は、税金だけでなく、水道料金や電気料金といった公共料金の支払いにも利用することができます。支払い専用のアプリを使用することで、時間や場所を問わず、安全に支払いを実行することができます。

実際の支払い方法

「ＰａｙＢ（ペイビー）」というアプリを例に、具体的な支払い方法を説明します。まず、スマホにアプリをインストールし、支払いに使用する銀行口座やクレジットカードを登録します。その後、納付書に印刷されているバーコードやＱＲコードをスマホのカメラで読み取ることで、支払い手続きを進めることができます。

この方法には多くの利点があります。銀行やコンビニに出向く必要がないため、**体調が優れない日や悪天候の際でも自宅で手続きを済ませることが可能です**。また、現金を持ち歩く必要がないため、**紛失や盗難のリスクも軽減されます**。

支払い完了後は、領収書がスマホに記録されるため、書類の保管に困ることもありません。また、過去の支払い履歴がいつでも確認できるため、二重払いの心配もなく、家計管理にも役立ちます。

税金をアプリで支払う

1

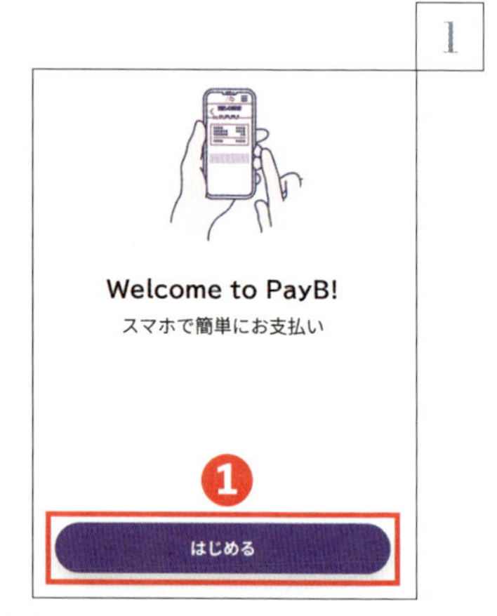

銀行やクレジットカードの登録を行う。［はじめる］をタップ❶

2

自分の口座がある金融機関が利用できることを確認し、［次へ］をタップ

3

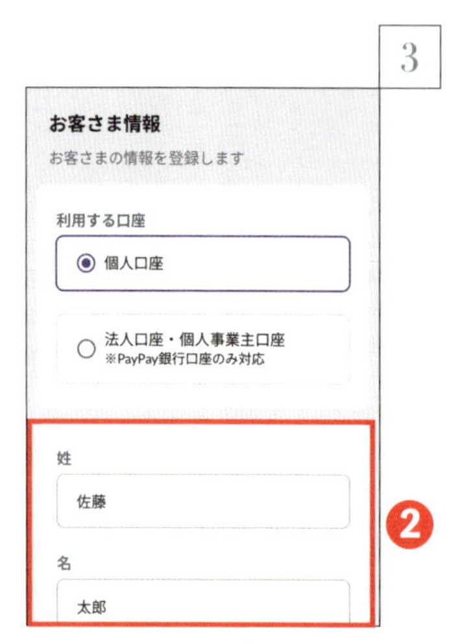

［お客さま情報］を入力し❷、［次へ］をタップ

4

金融機関またはクレジットカードをタップして、情報を登録

5

口座登録が完了したら［ホームへ］をタップし、［お支払いをはじめる］をタップ❸

6

カメラが起動する。スマホを横向きにして、納付書のバーコードをスキャン

7

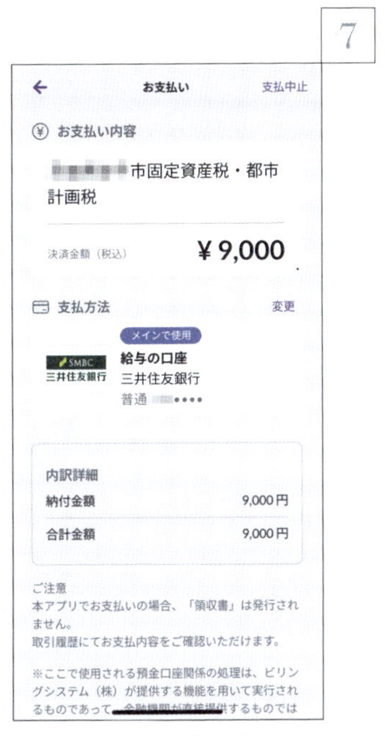

支払い内容が表示される。［上記内容確認して支払用パスコード入力へ］をタップ。支払用パスコードを入力すると、支払いは完了

07 キャッシュレスでの支払いを試す

初心者は「スイカ」で始めよう

近年、街中で見かけることが多くなったキャッシュレス決済。スマホやプラスチックカードを使って支払いを行う方法として、普及が進んでいます。従来からあるクレジットカードもその一種ですが、現在ではより手軽な支払い方法として、**交通系ＩＣカードやＱＲコード決済が注目を集めています**。

キャッシュレス決済には、多くの利点があります。**支払いにかかる時間が短く、レジの機械にかざして「ピッ」と鳴れば、支払いは完了です**。また、支払い時に財布を取り出す必要がなくなることで、紛失や盗難のリスクも軽減されます。

初めてキャッシュレス決済を利用する人には、スイカ（Suica）やパスモ（PASMO）などの交通系ICカードがおすすめです。電車やバスの利用はもちろん、駅ナカの店舗や自動販売機での支払いにも対応しており、日常生活で幅広く活用できます。

交通系ICカードは、まずお金をチャージして使えるようにします。クレジットカードを使えば、いつでもどこでもチャージ可能です。

なお、ペイペイに代表される**QRコード決済**は、自動販売機での対応は遅れていますが、よく使う店舗で支払いができるなら、試してみてもいいでしょう。

手軽でスマート！
自販機でキャッシュレス

スイカを新規登録する

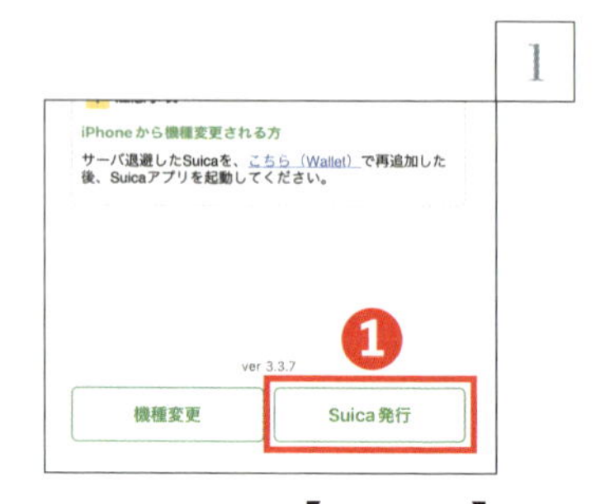

ホーム画面で【スイカ】アプリをタップ。［Suica発行］をタップ❶

※ここではiPhoneの手順を紹介する。アンドロイドは［新規会員登録］をタップして、画面の指示に従う

［アプリから発行］をタップ❷。［My Suica（記名式）］を選択し❸、［発行手続き］をタップ❹

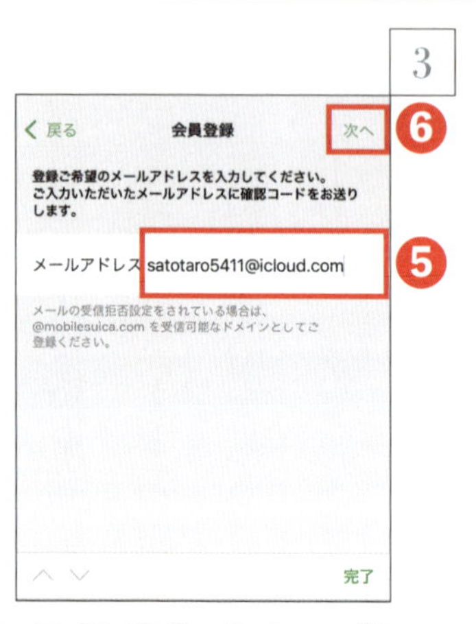

［会員登録］をタップし、規約を確認。メールアドレスを入力し❺、［次へ］をタップ❻

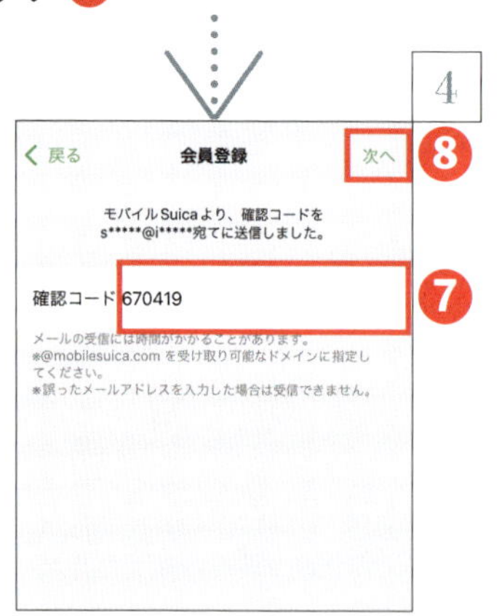

メールで送られてきた確認コードを入力し❼、［次へ］をタップ❽

5

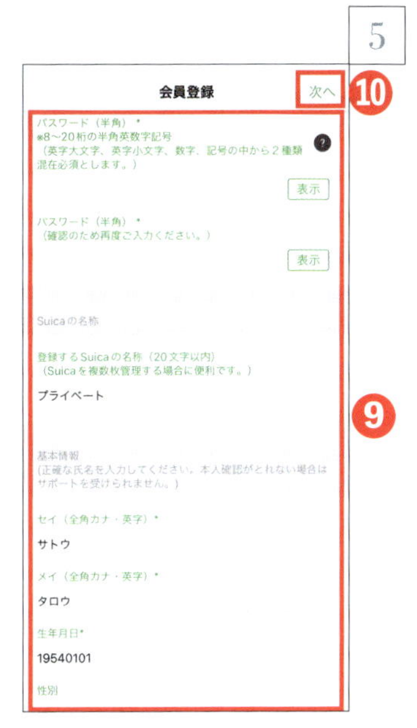

会員情報を全て入力して❾、［次へ］をタップ❿。次の画面で［金額を選ぶ］をタップし、チャージ金額を選択

6

［決済方法選択］をタップ⓫。次の画面で［Apple Payでチャージ］をタップ

7

あとは画面の指示どおりに進めれば、設定は完了

8

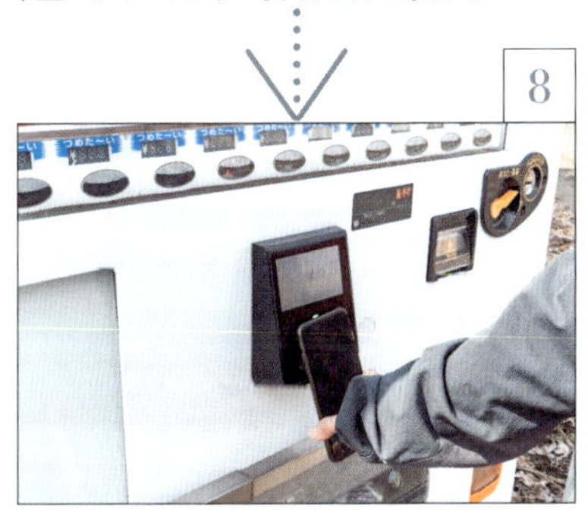

iPhoneをリーダーにかざすだけでスイカで支払いができる

監修
岡嶋 裕史（おかじま ゆうし）
中央大学大学院総合政策研究科博士後期課程修了。博士（総合政策）。富士総合研究所勤務、関東学院大学准教授、同大学情報科学センター所長を経て、中央大学国際情報学部教授／中央大学政策文化総合研究所所長。『メタバースとは何か』『Web3とは何か』『ChatGPTの全貌』（以上、光文社新書）、『思考からの逃走』『実況！ ビジネス力養成講義 プログラミング/システム』（ともに日本経済新聞出版）、『ブロックチェーン』『5G』（ともに講談社ブルーバックス）、『はじめてのAIリテラシー』『やさしくわかる 岡嶋裕史の情報I教室』（ともに技術評論社）など著書多数。

STAFF

執筆協力
守屋恵一／岩渕 茂／宮下由多加／金子正晃

編集協力
クライス・ネッツ

イラスト
笹山敦子

カバーデザイン
小口翔平、畑中 茜（tobufune）

本文デザイン
sukodesign

本文DTP
関谷和美

日本一わかりやすい 70歳からのスマホ術
「困った」「知りたい」をなんでも解決する本

2025年3月 5 日 第1刷発行
2025年6月13日 第2刷発行
監修者　岡嶋裕史
発行人　関川 誠
発行所　株式会社宝島社
〒102-8388
東京都千代田区一番町25番地
電話：（編集）03-3239-0928
（営業）03-3234-4621
https://tkj.jp

印刷・製本　日経印刷株式会社

ISBN 978-4-299-06499-8